本书得到国家自然科学基金项目（52005498）、中央高校基本科研业务费专项基金项目（2020SK15、2020ZDPY0308）、徐州市科技计划项目（KC21069）、2021年中国矿业大学国家一流专业校内培育—工业设计专业建设经费（0203-250221424）的资…

U0176722

# 人耳相关产品批量定制设计关键技术研究及应用

朱兆华　著

东南大学出版社
SOUTHEAST UNIVERSITY PRESS

·南京·

## 内容提要

本书以人性化设计为立意、以入耳式耳机为典型产品，基于逆向工程技术、三维扫描技术、曲面重构技术、层级聚类算法、模式识别算法，研究了一种以耳甲腔特征曲面为输入，以特征曲面重构、曲面形态分类、形态识别为技术手段的人耳相关产品曲面造型批量定制设计方法。

本书既可以作为从事人因设计、计算机辅助产品造型设计等相关领域的研究者和设计者的业务参考用书，也可以作为工业设计、产品设计等相关专业的本科生和研究生的专题教材，同时适合作为耳机、降噪耳塞、助听器等人耳相关产品领域制造商的工具书。

**图书在版编目（CIP）数据**

人耳相关产品批量定制设计关键技术研究及应用 /
朱兆华著 . — 南京：东南大学出版社，2021.12
  ISBN 978-7-5641-9816-9

Ⅰ . ①人⋯　Ⅱ . ①朱⋯　Ⅲ . ①听觉 – 产品设计 – 研究
Ⅳ . ① TB51

中国版本图书馆 CIP 数据核字（2021）第 244839 号


**责任编辑：**姜晓乐　**责任校对：**韩小亮　**封面设计：**王　玥　**责任印刷：**周荣虎

#### 人耳相关产品批量定制设计关键技术研究及应用
Ren'er Xiangguan Chanpin Piliang Dingzhi Sheji Guanjian Jishu Yanjiu Ji Yingyong

| | |
|---|---|
| 著　　者：| 朱兆华 |
| 出版发行：| 东南大学出版社 |
| 社　　址：| 南京市四牌楼 2 号（210096）　**电　　话：**025-83793330 |
| 经　　销：| 全国各地新华书店 |
| 印　　刷：| 江苏凤凰数码印务有限公司 |
| 开　　本：| 787 mm×1092 mm　1/16 |
| 印　　张：| 8.75 |
| 字　　数：| 218 千 |
| 版　　次：| 2021 年 12 月第 1 版 |
| 印　　次：| 2021 年 12 月第 1 次印刷 |
| 书　　号：| ISBN 978-7-5641-9816-9 |
| 定　　价：| 39.00 元 |

本社图书若有印装质量问题，请直接与营销部调换。电话（传真）：025-83791830

# 前　言

随着人们生活水平的提高，用户对产品的舒适性、宜人性需求予以更多的关注。对于与人体具有直接接触面的可穿戴产品而言，在造型设计中考虑用户使用舒适性已成为当前设计领域研究的热点。中华人民共和国工业和信息化部在《制造业设计能力提升专项行动计划（2019—2022 年）》中重点指出：鼓励建设国民体型数据库和标准色彩库，发展人体工学设计，推行柔性化生产，提高产品扩展性和舒适性等质量特性。然而，目前我国制定的人头面部尺寸国标 GB/T 2428—1998 中仅测量了外耳廓长宽尺寸，现有数据库信息尚不完善。基于此，本书以入耳式耳机为典型产品，研究了以耳甲腔特征曲面为输入，以特征曲面重构、分析聚类、识别为技术手段，以满足用户使用舒适性需求和市场批量生产需求为目的的人耳相关产品曲面造型批量定制设计方法。本书主要完成了以下研究工作：

（1）建立了耳甲腔曲面样本获取及其关键特征点自动和准确提取、耳甲腔特征尺寸测量与分析的方法。完成了 315 位 18—28 岁中国青年男女性的外耳三维模型的采集，综合国内外医学研究文献，系统地定义了耳甲腔的 11 个关键特征点；针对现有外耳尺寸测量技术的不足，基于 NURBS 曲面曲率原理，提出了耳甲腔关键特征点三维坐标值自动和准确提取的方法；基于数理统计分析的方法，得出了耳甲腔形状尺寸存在性别、个体及种族差异，肯定了构建中国人耳甲腔形状尺寸数据库用以指导相关产品设计的必要性。

（2）提出了获取复杂曲面型值点的"双向一阶轮廓线重构"法，并将其应用于耳甲腔曲面重构。为将不同样本的耳甲腔三角网格曲面均用各自曲面上数量相同、性质相同的数据点进行描述，以便对耳甲腔曲面进行聚类与识别分析，提出了获取复杂曲面型值点的"双向一阶轮廓线重构"法；以各耳甲腔样本的曲面型值点为基础，基于 NURBS 曲面插值方法将所有耳甲腔样本数据均重构为具有相同拓扑结构的 NURBS 曲面模型；通过对耳甲腔重构曲面的精度、连续性及光顺度等品质进行检验，论证了耳甲腔曲面重构方法的有效性。

（3）提出了耳甲腔曲面形态层级聚类改进算法，构建了针对入耳式耳机设计的中国青年人耳甲腔曲面形态模型库。针对传统层级聚类算法存在的不足，构建了针对耳甲腔曲面形态分类的改进层级聚类算法，并在该算法中引入最佳聚类组别的评判准则；利用改进算法将 18—28 岁中国青年人耳甲腔曲面形态分为 29 类，通过与传统层级聚类算法结果的对比论证了改进算法的优势；基于 NURBS 曲面插值的方法计算得到每一聚类组的耳甲腔共性特征曲面，构建了针对入耳式耳机设计的中国青年人耳甲腔曲面形态模型库；通过组内及组间样本曲面的误差分析对改进层级聚类算法结果的可靠性进行了验证。

（4）建立了人耳相关产品批量定制设计结果的验证方法。依据所构建的耳甲腔曲面形态模型库，对入耳式耳机进行了造型设计与 3D 打印（三维打印）；通过佩戴及运动测试，对耳机的抗滑落性以及用户佩戴耳机时的主观舒适性进行了检验；建立了基于外耳－耳机有限元仿真分析的入耳式耳机佩戴舒适性客观验证方法；通过主客观相结合的评价方法论证了模型库的有效性。

（5）提出了人耳相关产品批量定制设计方法。分别构建了基于 K 近邻（KNN）算法和概率神经网络（PNN）算法的耳甲腔曲面形态识别模型，得出了 PNN 模型对耳甲腔曲面形态识别准确率较高的结论；确定了将耳甲腔曲面形态 PNN 识别模型与耳甲腔曲面形态模型库相结合的入耳式耳机批量定制设计方法；定制设计实例验证了该方法的可行性。

（6）基于上述理论和方法，本书研究中采用了 Rhinoceros 软件的脚本开发插件 Rhino-Script、科学计算语言 Matlab、统计分析软件 SPSS 以及有限元分析软件 Abaqus 分别进行曲面模型表面数据的提取、曲面形态聚类与识别计算、数据的统计与误差分析、外耳－耳机的接触应力仿真分析，采用 Rhinoceros 和 Catia 软件分别进行耳甲腔曲面模型的处理与曲面间的误差分析，得出了大量数据和图表，为外耳相关产品的曲面造型设计提供了依据。

本书的研究成果对大多数曲面造型可穿戴产品的设计、分析验证、批量定制具有理论指导意义，对指导企业研发及生产实践具有重要的实践应用价值。

本书的研究是在吉晓民教授精心指导下完成的，从选题、研究方法、总体思路到最终定稿，每一过程都深深凝聚了老师的心血。吉老师严谨的治学态度、敬业的工作精神、敏捷且理性的思维能力、平易近人的学者风范始终是我为人与做学术的导航标。此时此刻，和老师无数次讨论课题难点的场景浮现在脑海前，如冬日阳光，使我倍感温馨！感恩遇见、感谢支持！书中部分内容引用了诸多专家、学者的文献与著作，在此谨向他们表示衷心的感谢!

由于人力、水平等条件的限制,书中难免有疏忽、遗漏与不足之处,恳请各位专家、学者批评指正。

著者

2021 年 6 月

# 目　录

# 第一章

## 绪　　论

## 1.1　研究背景与意义

设计是人类为改造自然和社会而进行构思和计划，并将这种构思和计划通过一定的具体手段得以实现的创造性活动。产品造型作为产品功能的载体，是传递产品信息的第一要素，也是产品创新设计活动的重要组成部分[1]。随着人们生活水平的提高，在满足基本功能需求的基础上，用户对产品的适用性、宜人性、舒适性等需求予以更多的关注，使得满足用户使用舒适性需求的产品造型设计成为当今工业设计领域研究的重要课题。产品造型设计可概括为简单几何造型产品设计和复杂曲面造型产品设计两类，其中复杂曲面造型产品，特别是可穿戴产品，其形状修改难度大、设计数据量多，如果单纯依靠有限的特征尺寸数据以及设计师的主观经验进行设计，往往不能满足用户的需求。从人机工学的角度分析，曲面造型可穿戴产品的设计与用户生理特征曲面密切相关，要满足用户使用舒适性需求，则需要对人体特征曲面数据进行分析研究，将产品的造型曲面与人体生理特征曲面相匹配，会使产品具有更好的佩戴舒适感。然而，由于个体生理特征曲面的差异性、独特性，设计生产一款产品无法适合所有人群，对个体用户进行个性化设计与定制的产品，虽可以满足用户的使用需求，但无法批量生产，且产品生产周期长、价格高。在曲面造型可穿戴产品设计过程中，如何既能实现产品批量生产又能满足不同生理特征用户使用舒适性需求，往往是一对矛盾。因此，分析人体特征曲面数据之间的差异与规律，进行合理的分组聚类，既能保证用户使用产品的舒适度，又能实现产品的批量生产，这是设计学术界和相关企业亟待解决的问题。

人性化设计是人类生存意义上一种最高的设计追求，其核心是"以人为本"，展现的是一种人文精神，是人与产品、环境完美和谐的结合设计[2]。人体工程学的广泛应用为人性化设计奠定了坚实的基础，在设计的过程中需要根据人的行为习惯、人体的生理结构、人的心理情况、人的思维方式等，来满足人的生理、心理和精神追求[3]。现今人性化设计的研究与应用，大到航天航空系统及作业空间[4]、城市规划、建筑设施、机械设备，小到服装、电子娱乐、家居产品等领域[5]。产品人性化设计不仅强调对社会个体的关注，还强调对社会一般群体和特殊群体的关注，同时人性化设计不仅需要使产品适应用户，还需要使产品适应商品化而进行批量化生产。因此，对于曲面造型可穿戴产品人性化设计而言，不仅要考虑产品的使用功能，还需要考虑满足用户的个性化生理特征与心理特征需求、考虑产品与人以及市场三者之间的关系；对于企业而言，人类社会已经进入智能设计制造的时代，如何获取和有效驾驭数据进行智能制造将是每个行业发展的趋势和核心竞争力。本书提出的人耳相关产品曲面造型批量定制设计方法的核心正是解决产品设计与不同用户的使用舒适性需求、用户定制与企业大批量生产之间的矛盾。本书将以耳甲腔特征曲面为研究基础，以入耳式耳机为典型可穿戴产品，结合逆向工程技术、曲面造型技术、聚类分析算法对耳甲腔曲面模型进行采集、重构以及分析分类，构建针对入耳式耳机设计的耳甲腔曲面形态模型库，并对以此为设计依据的入耳式耳机使用舒适性进行主客观验证，最后建立以耳甲腔曲面形态识别为基础的入耳式耳机批量定制设计方法，以解决人耳相关产品形态设计依据、产品使用舒适性、批量生产以及定制的问题。本书的研究对大多数曲面造型可穿戴产品的设计、分析验证及指导企业的产品开发生产具有重要的理论和实际意义。

## 1.2 相关研究与应用现状

### 1.2.1 逆向工程技术研究意义

逆向工程（Reverse Engineering，RE）也称反求工程、逆向设计，1982 年由美国 3M 公司首先提出。它是指从已知物件的有关信息出发，利用测量技术对其进行数据采集，经过数据预处理、三维重建等过程，构造具有原物件形状结构的 3D 模型，然后在此基础上进行快速成型、验证、制造等工作[6]，基本流程如图 1-1 所示。逆向工程的应用领域较为广泛，如：复杂曲面零部件的创新设计；产品的仿制和改型设计；快速模具制造、快速原型制造（Rapid Prototyping Manufacturing，RPM）；产品数字化检测；医学整形修复、牙齿矫正、肢体再造等；艺术品及考古文物修复和复制；电影中 3D 人物模型的制作等领域。

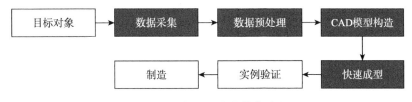

图 1-1　逆向设计的基本流程

数据采集是逆向工程建模的首要环节，根据测量方式的不同，可将数据采集的方式划分为接触式和非接触式两类。接触式测量中最典型的代表是三坐标测量机（Coordinate Measuring Machine，CMM），非接触式测量方法主要包括：莫尔云纹法（Moire Topography）、立体摄影成像技术（Stereophotogrammetry）、激光扫描测量技术（Laser Surface Scanning）、结构光技术（Structure Light）、计算机断层扫描技术（Computed Tomography，CT）、磁共振测量技术（Magnetic Resonance Imaging，MRI）、三维超声扫描法（3D Ultrasound Scanning）等[7]。

CAD 模型建立之前应进行数据预处理，目的是获得完整、正确的测量数据以便进行后续的造型工作。数据预处理工作包括数据平滑、噪声数据以及异常数据的排除、冗余数据的压缩和精简、数据点补齐、多视拼合等。其中噪声处理的方法主要采用高斯、平均或中值滤波。精简处理不同类型点云中存在的冗余数据可采用不同的方法：散乱的点云数据可采用随机采样的方法来精简；扫描线"点云"和多边形"点云"可采用等间距缩减、等量缩减、弦偏差等方法；网格化"点云"可采用等分布密度和最小包围区域法进行数据的缩减。多视拼合的任务是把多次获得的测量数据融合到统一坐标系中，通常采用迭代最近点（Iterative Closet Point，ICP）算法[6]。

CAD 建模是逆向工程的核心与关键技术，是指将预处理后的离散数据通过合理的约束，构造成分段光滑、连续的 CAD 模型过程。一般先构造网格模型，网格模型可以分为三角形网格和四边形网格，也可以说建立的是由三角形或四边形面片组成的面模型。该面模型经过光滑处理，进一步再通过延伸、裁剪、过渡、缝合、偏置等处理步骤，将其转换为符合快速成型要求的体模型。

快速成型技术（增材制造技术），最早由美国 3M 公司提出，是由二维层面堆积为三维实体的制造新理念[4]。按照成型工艺的划分，主要包括：SLA（Stereo Lithography Apparatus）立体光刻工艺；LOM（Laminated Object Manufacturing）分层实体制造工艺；SLS（Selective Laser Sintering）选区激光烧结工艺；FDM（Fused Deposition Modeling）熔炉沉积制造工艺等。国内增材制造技术研究始于 20 世纪 90 年代，清华大学、西安交通大学、华中科技大学、上海交通大学等在成型理论、工艺方法、设备、材料和软件等方面做了大量的研发工作，主要成果有：西安交通大学开发了光固化成型系统及树脂；华中科技大学研制了基于分层制造原理的 HRP 系统；清华大学研制了基于 FDM 的熔融挤出成型系统等 [8]。

目前可应用于逆向工程领域的软件中具有代表性的有：美国 DES 公司的 Imageware 软件、Raindrop 公司的 Geomagic Studio 软件、Robert 公司的 Rhinoceros 软件、Autodesk 公司的 Alias 软件；英国 Delcam 公司的 CopyCAD 软件；韩国 INUS 公司的 Rapidform 软件、UGS&Paraform 公司的 Quick Shape 软件、PTM 公司的 ICEM Surf 软件；法国 MDTV 公司的 Surface Reconstruction 软件、Dassault Aircraft 公司的 Catia 软件和 Abaqus 软件；比利时 Materialise 公司的医用 Mimics 软件、3-Matic 软件、Magicas 软件等。中国研发的逆向工程软件主要有台湾智泰科技的 Digi Surf 软件、浙江大学的 RE-SOFT 和西安交通大学的 JdRe[7]。

## 1.2.2 曲面造型技术

曲面造型技术是计算机辅助几何设计（Computer Aided Geometry Design，CAGD）、计算机图形学（Computer Graphics，CG）中的重要研究内容，其主要研究计算机环境下曲线曲面的表示、设计、显示和分析等。复杂外形的产品设计和制造是任何 CAD/CAM（Computer Aided Design/Manufacturing）软件必须解决的问题，因此曲面造型技术实际上即为曲线曲面理论在工程上的具体应用 [9]。曲面造型技术起源于飞机、汽车等外形设计，有着较长的发展历史。早在 1963 年 Ferguson[10] 首次将参数矢量函数引入曲线曲面的构造中，提出了著名的 Ferguson 曲线和 Ferguson 双三次曲面片，并在美国 Boeing 公司的 FMILL 系统上得以实现 [11]。此后，曲线曲面的参数形式成为形状数学描述的标准形式。1964 年 Coons[12] 引入了超限插值的概念，给定四条封闭的曲线就可以定义一张 Coons 曲面片，并进一步在 1967 年利用 Hermite 基定义插值算子构造了 Coons 混合曲面 [13]，其与 Ferguson 双三次曲面片的区别在于将扭矢由零矢量转换成非零矢量，两者均存在曲面拼接和形状难以控制的问题。1971 年法国 Renault 公司的 Bézier 提出由控制多边形定义的 Bézier 曲线，并基于该曲线开发了 UNISORF 曲线曲面 CAD 设计系统 [14]，该曲线只需移动控制线就可以修改曲线的形状，且形状的变化完全在意料之中。1972 年 Carl 提出了一整套关于 B 样条基函数的标准算法，即递推算法 [15]。1974 年 Gordon 和 Riesenfeld 将 B 样条理论应用于造型设计和形状描述，构建了 B 样条曲线曲面 [16]。该方法在传承了 Bézier 方法优点的同时，较成功地解决了 Bézier 方法局部形状控制和连续拼接的问题，但 B 样条方法也存在难以精确描述初等解析曲面和圆锥曲线曲面等缺点。随后，1975 年 Versprille[17] 对有理 B 样条进行了改进，提出了一种有理式的 B 样条曲线曲面。此后，Piegl、Tiller 及 Farin 等人对有理 B 样条曲线曲面的构造和形状调整问题进行了系统研究，提出了非均匀有理 B 样条（Non Uniform Rational B Splines，NURBS）的方法[18-20]。NURBS 方法将有理和非有理 Bézier 方法及有理 B 样条方法统一在同一个数学模型中，从而可利用统一的 NURBS 标准数据库，其具有很多优点：（1）精确表示圆锥曲线的方方面面，可用一个统一的数学方程表示初等曲线曲面和自由型曲线曲面，克服了其他非有理方法的缺点；（2）通过调整控制点及其权因子，能灵活修改曲线曲面的局部形状；（3）在四维空间中推广了非有理 B 样条方法，大多数这类方法的性质和相关计算同样适合 NURBS 方法，相关结论得到继承和发展。基于此，国际化标准组织 ISO 于 1991 年颁布了一个与工业产品数据交换有关的国际标准（Standard for the Exchange of Product Model Data，STEP），该标准将 NURBS 方法作为定义产品几何外形的唯一数学方法，从而使得 NURBS 方法成为 CAD/CAGD 软件中主流的曲线曲面数学表示方法，目前商品化的 CAD/CAM 软件均是以 NURBS 为基础。NURBS 曲线曲面造型技术被广泛应用于汽车车身光顺 NURBS 曲面模型创建、拼接以及重构、船体曲面光顺设计、复杂机械曲面造型设计与加工、人体自由曲面造型及服装造型设计[21-22]。

## 1.2.3　曲面造型可穿戴产品设计方法研究

研究可穿戴产品的曲面造型设计方法，离不开对人体特征形状尺寸的测量与分析研究。国内外学者对基于人体特征的曲面造型可穿戴产品设计方法做了广泛的研究，其主要入手点可以分为两个方面：基于人体特征曲面完全定制和基于人体特征曲面分类的批量定制设计方法。不同的方法有着各自的特点，其最终目的皆为可穿戴产品的曲面造型设计能够满足用户使用舒适性的需求（图 1-2）。

基于人体特征曲面完全定制的曲面造型可穿戴产品设计方法主要可以概括为以下两类：（1）通过三维扫描技术获取人体曲面数据，结合点云数据预处理技术对数据进行降噪、修补以及重构处理得到较为完整的 CAD 模型，以此作为相关穿戴产品的曲面造型定制设计依据；（2）构建基于特征的参数化人体三维模型，通过输入较少的尺寸变量即可获取差异较小的目标样本曲面形态（特征尺寸驱动人体形态变形），并以此为依据对可穿戴产品的曲面造型进行定制设计。

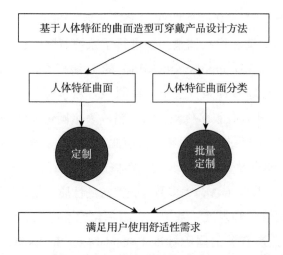

图1-2　基于人体特征的曲面造型可穿戴产品设计方法

如图1-3所示，Pang 等 [23-24]、Ellena 等 [25-26] 通过三维扫描技术获取澳大利亚骑行者头部曲面数据，以此作为头盔内衬的曲面造型设计依据，并对该模型进行 3D 打印，通过佩戴测试以及抗摔落性分析 [27] 对头盔佩戴舒适性和安全性进行了检验。Stanković 等 [28] 指出基于人足部二维尺寸设计的鞋类产品无法满足用户使用舒适性的需求，Piperi 等 [29]、Telfer 等 [30]、Lochner 等 [31]、Jumani 等 [32]、Wang[33] 结合逆向工程技术和曲面造型技术，提出基于足部三维模型的鞋楦、鞋垫产品、足部矫形器的曲面造型定制设计方法。Lee 等 [34]、Yan 等 [35] 提出针对人面部的口罩定制设计方法。Abtew 等 [36-37]、Zhang 等 [38]、Tao 等 [39] 指出传统依据尺寸数据设计的女士内衣不具备较高的匹配度和舒适性，提出基于女性上身曲面形态的文胸和紧身内衣等服饰曲面造型定制设计方法。

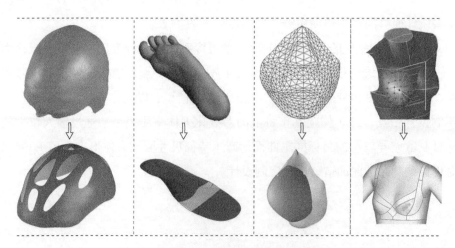

图1-3　基于人体特征曲面的可穿戴产品定制设计 [25,33-34,36]

如图 1-4 所示，Lacko 等 [40-41] 通过医用 MRI（核磁共振）技术获取 100 个人体三维模型，以此为训练样本，构建了参数化头部模型，通过输入测量得到的头长、头围等 5 个典型参数即可获取误差较小的目标对象头部曲面形态，以用于脑电等头戴产品的曲面造型定制设计，Verwulgen 等 [42] 进一步以参数化人头模型为技术基础，构建了头戴产品的定制设计系统。Chu 等 [43-45]、Tseng 等 [46]、Zhuang 等 [47] 建立基于关键特征参数的人脸参数化模型，以用于眼镜、面膜、口罩等产品的定制设计。Allen 等 [48]、Baek 等 [49]、Cheng 等 [50]、董智佳 [51]、Liu 等 [52]、修毅等 [53] 通过肩宽、胸围、背长、臂长、臀围、立裆长、腿长等主要参数分别构建了参数化人体模型，以用于人体相关部位服装产品的定制设计。

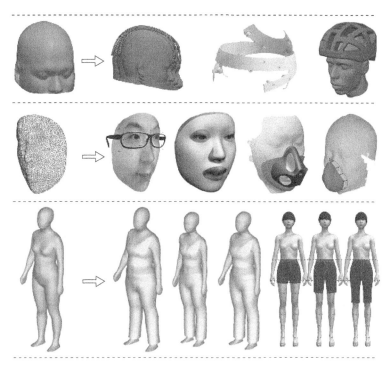

**图 1-4　基于参数化人体模型的可穿戴产品定制设计** [40,43,49-50]

针对人体特征曲面完全定制设计的曲面造型可穿戴产品，其使用舒适性高，但与批量生产的市场需求相矛盾。为在两者之间取得平衡，国内外学者提出了基于人体特征曲面分类的曲面造型可穿戴设计方法。钮建伟 [54] 和 Niu 等 [55] 提出了基于块距离矢量主成分的 K-means 聚类分析方法，将 447 位中国军人的完整头型聚类为 3 组，并通过样本加权方差（SWV）和聚类有效性指数（CVI）对聚类结果的可靠性进行了验证，为设计具有较高舒适性的军用头盔提供了可靠的数据。Vinué 等 [56] 依据 64 个人体关键特征点三维坐标，通过聚类算法将人体体型划分为 3 类。倪世明 [57] 和庞程方 [58] 以人体横纵截面关键特征点曲率半径为数据基础，结合聚类算法将人体体型划分为 8 种类型。金娟凤等 [59-60] 提出基于典型指标的特征距离、特征点曲率半径的腰腹臀部、肩部形态分类方法。邓椿山等 [61] 依据人体胸围、腰围、臀围等 5 个特征尺寸将人体体型划分为 7 类，以用于人体相关部位的服饰产品设计。基于人体体型分类的服装产品批量定制设计方法的研究还有很多，如姚怡等 [62] 提出的基于小波系数的青年女性体型分类方法；夏明等 [63] 提出的基于椭圆傅里叶的女性体型细分，其本质均是依据人体有限关键特征参数进行体型分类。Lee 等 [64] 采集了 3 000 名中国台湾男性及女性的三维足部数据，通过对足部 9 个尺寸的测量与分析，指出足型存在性别及种族差异 [65]，进一步通过 PCA 算法，在测量得到的 12 个特征尺寸中获取 3 个典型指标，并以此为依据，利用相关分类算法将样本足型分为 6 类 [66]，以用于中国台湾人鞋类产品的造型设计。

上述文献对人体体型分类的主要技术路径为：对样本曲面进行特征点提取、特征尺寸测量，以获取众多变量，然后依据主成分分析（PCA）方法对众多变量进行降维处理，或通过 R 型聚类分析方法对众多变量进行分类，将众多变量划分为有限的类别，并通过相关性分析从每一类的变量中找出典型变量，最终以典型变量作为人体相关体型分类的依据。其目的是定性地找出各变量之间的关系，以有限代表性的变量对人体体型进行分类，在保证数据整体损失信息很少的基础上减少程序运行时间。

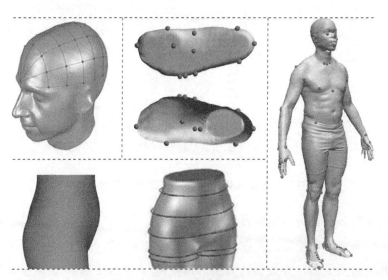

图 1-5　基于曲面形态分类的可穿戴产品批量定制设计 [59,67-68,72]

在依据人体曲面型值点进行特征形态分类研究方面，如图 1-5 所示，Baek 等 [67] 指出人体曲面形态分类的重要性，以各样本脚部曲面中的型值点为数据基础，依据层级聚类算法对韩国人足部曲面形态进行研究，最终将 350 位韩国人足型分为 8 类，并计算出每一类别的平均曲面，以用于鞋类产品的批量定制设计。Ellena 等[68] 提出针对头部曲面形态分类的改进层级聚类算法，以每一样本头部曲面中 1 000 个型值点为数据基础、以 20 mm 为阈值设定条件，将澳大利亚人头三维曲面形态划分为 4 类，构建了针对头盔设计的头部共性特征曲面模型库，并对不同类别的共性头部特征曲面进行了误差等分析，指出依据型值点对头部曲面形态分类的必要性[69]，最终构建了基于 NNS（Nearest Neighbor Search，最近邻检索）头型识别器的舒适性头盔大规模定制设计系统[70-71]。Lacko 等[72] 以 10 000 个型值点为数据基础，通过 K-means 分类算法将人头部和面部分为 4 个类别，并通过组内、组间样本的误差分析，验证了该分类方法的可靠性，最后求得各组别共性特征曲面，用以医疗脑电头戴产品的设计。

可穿戴产品设计完成后，需要对其使用舒适性进行验证，Skals 等[73] 建立了基于 SOD（头盔内垫曲面与头部曲面之间的平均误差）、GU（头盔内垫曲面与头部曲面之间的标准误差），以及 HPP（头盔内垫曲面与头部曲面之间的面积比例）等重要参数的头盔佩戴舒适度计算公式，从 0—100 分对头盔佩戴舒适度进行量化。王珊珊等[74-75] 建立了男子颈部 - 衣领有限元模型，通过仿真分析的方法对所设计的衣领穿戴压感舒适性进行了验证。Liu 等[76]、Lin 等[77]、Huang 等[78] 通过仿真分析，对基于参数化人体模型的裤装、上衣等设计结果的压感舒适性进行了客观验证。Caravaggi 等[79]、Franciosa 等[80]、Sun 等[81] 构建了基于压力分布的鞋类、鞋垫产品使用舒适性评价方法。Lee 等[82]、Dai 等[83]、Yang 等[84]、Lei 等[85-86] 建立了包括皮肤、脂肪、骨头等组织的人脸三维模型，通过有限元仿真分析对所设计的口罩使用舒适性进行了客观验证（图 1-6）。

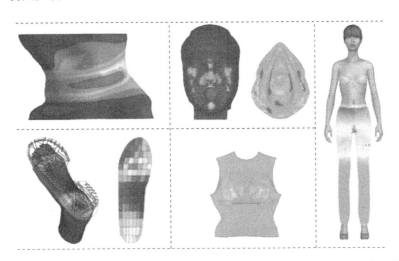

图 1-6 基于有限元仿真分析的可穿戴产品使用舒适性客观验证方法[74,76-86]

## 1.2.4 外耳相关产品设计方法研究与应用

从生产方式的角度，可将现有耳机的类型分为批量生产式和定制生产式，其中批量生产式的耳机主要有头戴式耳机、入耳式耳机、耳挂式耳机，如图1-7所示。设计生产不同类型耳机产品则需要测量分析外耳不同部位的形状尺寸：头戴式耳机主要研究外耳廓整个长宽比例；入耳式耳机主要研究外耳甲腔部位的形状尺寸[87]；耳挂式耳机主要研究外耳廓与头部相交部位的弧度及角度[88]；定制耳机基本上都是入耳式耳机，一般完全根据用户的耳印模型进行定制设计。

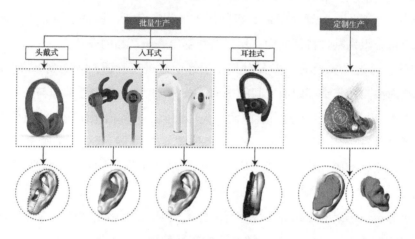

图1-7 耳机的种类

各国（地区）学者对外耳不同部位的尺寸进行测量与统计分析，以用于耳机、降噪耳塞、助听器等外耳相关产品的设计、外耳整形修复等领域中，如：Wang 等[89]、Zhao 等[90] 和 Ma 等[91] 分别测量了中国大陆人外耳尺寸；Yu 等[92] 和 Liu[93] 分别测量了中国台湾人外耳尺寸；Jung 等[94]、Kang 等[95] 和 Han 等[96] 分别测量了韩国人外耳尺寸；Ahmed 等[97] 测量了苏丹阿拉伯人外耳尺寸；Zulkifli 等[98] 和 Kumar 等[99] 分别测量了马来西亚人外耳尺寸；Shireen 等[100]、Purkait 等[101-102]、Sharma 等[103]、Singhal 等[104] 以及 Deopa 等[105] 分别测量了印度不同地区人外耳尺寸；Sforza 等[106] 和 Gualdi[107] 分别测量了意大利人外耳尺寸；Alexander 等[108] 和 Coward 等[109-110] 分别测量了英国人外耳尺寸；Bozkir 等[111] 和 Barut 等[112] 分别测量了土耳其人外耳尺寸；Brucker 等[113] 和 Egolf 等[114] 分别测量了美国人外耳尺寸；Niemitz 等[115] 测量了德国人外耳尺寸；Asai 等[116] 测量了日本人外耳相关尺寸；Rubio 等[117] 对西班牙人外耳尺寸进行了测量分析。上述学者通过对人耳的测量分析研究，均指出：（1）个体、性别、种族，甚至同一国家不同地区外耳尺寸之间存在显著性差异（如：欧洲人耳尺寸一般大于亚洲；同一年龄阶段男性人耳平均尺寸均大于女性）；（2）不管是男性还是女性，其左右耳之间的误差均较小，具有较强的双边对称性；（3）随着年龄的增长，外耳的尺寸会逐渐增大，到成年以后外耳尺寸趋于稳定。

针对耳机产品造型设计，Liu 等[76] 提出了基于外耳廓 2D 特征尺寸测量分析的耳机产品设计方法，通过直接测量技术对中国台湾人耳屏长度尺寸进行测量与数理统计分析，对市场现有耳机的形状尺寸提出了修改意见，指出仅设计生产一款耳机型号，无法满足绝大多数人的使用需求，耳机的形状尺寸应划分成 S、M、L 三种不同型号。Yu 等[92]、Lee 等[118]、Huang 等[119] 指出依据 3D 外耳模型可获取较为丰富的外耳形状尺寸信息，相比二维尺寸更能准确反映外耳的实际尺寸，基于此，提出了外耳复杂曲面完整 3D 模型获取的方法，分别测量了耳道口长宽尺寸、耳甲腔长宽尺寸、耳廓与耳道口的夹角等，并通过数理统计分析的方法计算出标准外耳相关尺寸，为降噪耳塞、入耳式耳机等产品提供了设计依据（图 1-8）。为解决传统批量生产模式下的耳机无法满足用户佩戴舒适性的需求，作者在前期研究中，基于耳甲腔 7 个关键特征点的分布情况将其形状划分为 27 组，进一步计算出每一组针对耳机设计的耳甲腔基本形状（图 1-9），同时求得每一组人数占比，为耳机的批量定制设计和生产提供了 6 组优先组，并通过 3D 打印和佩戴试验，验证该分类方法的可行性[120]。

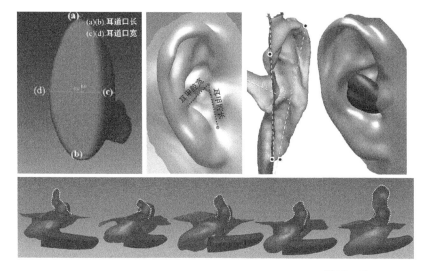

图 1-8 依据外耳三维特征尺寸的耳机产品设计[92,118-119]

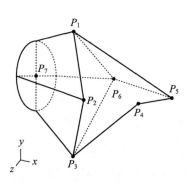

**图 1-9　耳甲腔基本形态** [120]

在依据外耳形态分类的耳机设计方法研究方面，Jung 等 [94] 和 Chiu 等 [121] 基于外耳廓的形状将其形态分为三类（Nutrition Nature，Disposition Nature，Bone Nature），并通过对各类样本的形状尺寸分析，给出了耳机设计的具体参考尺寸。类似的研究还有很多，如：1988 年杨月如等 [122] 依据外耳轮及耳垂形态特征将外耳廓分为 6 种形态：猕猴型、长尾猴型、尖耳尖型、圆耳尖型、耳尖微显型、缺耳尖型；张海军等 [123] 基于外耳廓长宽比例差异，将其分为 5 种类型：标准型（1.5 mm ≤ W ≤ 1.8 mm）、较宽型（1.3 mm ≤ W < 1.5 mm）、较长型（1.8 mm < W ≤ 2.0 mm）、宽型（W < 1.3 mm）、长型（W > 2.0 mm）；王博 [124] 按照外耳廓整体长宽比例、外展度、耳垂形态及对耳轮形态进一步对其进行局部特征细分。但上述外耳形态分类方法过于简单，对于耳机产品设计实际参考意义不大。由于外耳形态曲面较为复杂，仅仅依靠外耳特征尺寸对耳机进行设计，无法满足用户佩戴舒适性的需求。学者冉令鹏等 [125] 进一步提出一种舒适性耳机半参数化设计方法，利用逆向反求技术获取耳廓精确数据，并以此为依据采用图像检测方法提取耳廓关键点、建立半参数化耳机模型，进一步结合有限元仿真分析的结果，通过适当调节软骨特征曲线中关键点位置对耳机形态进行优化，以构建具有较高舒适性的曲面造型耳机产品。

现有耳机产品的设计应用研究主要包括批量定制设计和个性化定制设计两方面。在批量定制设计应用方面，国内 HelloEar 公司在耳机曲面造型设计如何既能满足用户佩戴需求，又能形成产品的批量生产方面进行了尝试，其采集了上万张外耳廓图像，建立了外耳廓图像数据库，提取和测量了耳甲腔 5 个关键特征点、4 个关键特征尺寸（图 1-10），并根据关键特征点的分布范围，将耳甲腔外轮廓形状尺寸划分为 36 类，进一步建立了入耳式耳机批量定制设计系统，用户只需要上传带有固定大小参照物的外耳廓图像，即可获取适合其佩戴的入耳式耳机；如图 1-11 所示，为解决耳机佩戴过程中易滑落和不舒适的问题，国外 Normal 公司建立入耳式耳机模块化批量定制设计系统，该公司对耳甲腔相关尺寸进行了测量分析，将入耳式耳机的形状尺寸划分为 S、M

和 L 三种型号，系统获取一组用户外耳廓图像后，即可快速匹配适合用户佩戴的耳机型号，以解决用户佩戴舒适性的需求，进一步根据耳甲艇的二维形状尺寸，构建耳甲艇的三维模型，并对其进行打印定制和组装，以解决耳机佩戴过程中易滑落的问题。在完全定制设计应用方面，国外 OwnPhones 公司建立了耳机个性化定制设计系统，该系统通过图像处理技术将用户上传的外耳廓视频图像转换为三维模型，并以此作为耳机曲面造型定制设计的依据，同时系统中提供了几千种耳机外表面的个性化造型供用户选择（图 1-12）；美国科学院构建了 Efit 人耳 3D 扫描—MakerBot Replicator 快速 3D 打印的一体化耳机定制设计方案，以解决传统线下耳机定制设计流程中生产周期长等问题，但该产品与系统尚未面向市场。

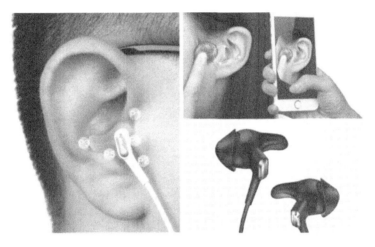

图 1-10　HelloEar 公司批量定制设计的耳机（来源：https://www.zhihu.com/question/62277155）

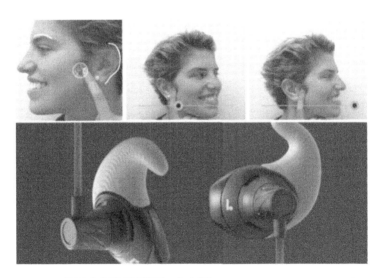

图 1-11　Normal 公司定制设计的耳机（来源：https://www.shejipi.com/64850.html）

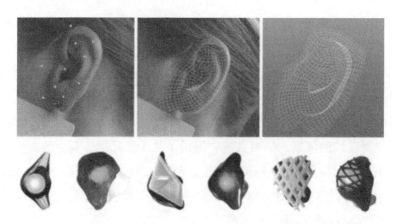

图1-12　OwnPhones 公司定制的耳机（来源：https://www.bilibili.com/video/av1669463/）

## 1.2.5　存在的问题

（1）不同国家人的外耳形状尺寸之间存在显著性的差异，针对中国人的耳机产品设计不能直接运用国外的测量数据与标准。我国尚未构建完整的耳甲腔形状尺寸数据库，因此对中国人耳甲腔形状尺寸进行测量与分析，构建针对中国人耳机设计的耳甲腔形状尺寸数据库十分必要。

（2）外耳曲面形态各异，现今市场批量生产模式下的耳机产品无法满足不同用户的佩戴需求，针对用户外耳完全定制设计的耳机产品，其与个体外耳之间的匹配度高，但价格昂贵、生产周期长且无法形成批量生产，用户的佩戴舒适性需求与市场批量生产需求之间存在矛盾。

（3）由于人体生理特征曲面的复杂性和独特性，仅仅以人体特征尺寸分类为依据而设计的曲面造型可穿戴产品，并不能真正满足用户使用舒适性的需求。国内外文献中，依据人体特征尺寸分类的曲面造型可穿戴产品批量定制设计方法、参数化人体模型完全定制的可穿戴产品设计方法研究较多，而考虑人体曲面形态差异性，以人体曲面型值点为依据进行分类的曲面造型可穿戴产品设计方法研究较少，针对外耳面形态分类的耳机产品曲面造型设计方法研究尚不多见。

（4）以人体特征数据分类为依据对可穿戴产品的曲面造型进行批量定制设计，则需要对设计结果进行验证（即用户穿戴该产品时是否舒适）、构建批量定制设计的方法（即从分类结果中匹配适合目标用户使用的型号），而现有国内外研究文献主要集中研究其中某一点，集人体特征曲面分类的可穿戴产品曲面造型设计、设计结果的验证、批量定制设计于一体的曲面造型可穿戴产品人性化设计方法研究尚不多见，与外耳相关的曲面造型产品设计方法尚属空白。

# 1.3 本书研究的主要内容及框架

## 1.3.1 研究内容

本书以耳甲腔特征曲面为研究基础，对人耳相关产品曲面造型批量定制设计中的相关技术与理论展开深入研究，研究的主要内容有以下几点：

（1）针对传统外耳测量技术的不足，提出耳甲腔曲面样本大规模采集的方法，确定影响耳甲腔形状尺寸差异的关键特征点，并构建耳甲腔曲面关键特征点自动和准确提取的方法，对耳甲腔关键特征尺寸双边差异、性别差异及种族国家差异进行分析，指出针对中国人的耳机设计不能依据国外的测量数据，构建中国外耳形状尺寸数据库十分必要。

（2）为将不同样本的耳甲腔曲面三角网格模型用相同数量、相同性质的型值点进行统一描述，以便对耳甲腔特征曲面进行聚类分析与识别，提出了获取复杂曲面型值点的"双向一阶轮廓线重构"法，并进一步采用NURBS曲面插值的方法，实现将所有由不同数量点云构成的耳甲腔三角网格模型均重构为具有相同拓扑结构的NURBS曲面的目标；对重构曲面的精度、连续性及光顺度等品质进行检验，以验证耳甲腔曲面重构方法的可行性和可靠性。

（3）针对传统层级聚类算法的不足，以及现有依据人体特征尺寸分类的曲面造型产品设计方法中存在的问题，提出基于耳甲腔曲面形态分类的层级聚类改进算法，以建立针对入耳式耳机设计的耳甲腔曲面形态模型库，通过与传统层级聚类算法的对比验证改进算法的优势，对分类组内样本以及组间样本曲面进行误差分析，以验证改进算法结果的可靠性。

（4）依据耳甲腔曲面形态模型库，对耳机曲面造型进行设计与3D打印，通过佩戴及运动测试，对耳机的抗滑落性以及用户佩戴耳机时的适性进行主观验证，通过外耳－耳机有限元仿真分析方法对用户佩戴耳机的舒适度进行客观验证，以检验本书构建的人耳相关产品曲面造型批量定制设计方法的有效性。

（5）采用K近邻算法和概率神经网络（PNN）算法，分别构建耳甲腔曲面形态识别模型，通过识别准确率的对比，最终确定耳甲腔曲面形态PNN识别模型与耳甲腔曲面形态模型库相结合的入耳式耳机批量定制设计方法，并结合第3章到第7章构建的技术，对入耳式耳机定制设计方法的可靠性进行验证。

## 1.3.2 本书组织框架

本书以入耳式耳机为典型产品，以耳甲腔特征曲面为研究基础，对人耳相关产品曲面造型批量定制设计的理论与方法展开研究，其主要目的是解决用户佩戴耳机时的舒适性需求与市场批量生产需求之间的矛盾。所涉及的问题主要包括耳甲腔复杂曲面形态数据的采集、耳甲腔曲面重构、耳甲腔曲面形态分类与针对入耳式耳机设计的耳甲腔曲面形态模型库的构建、使用舒适性验证以及入耳式耳机批量定制设计方法的构建。本书的组织结构如下：

第一章　绪论

主要介绍了与本书研究相关的曲面造型产品人性化设计方法的研究与应用现状，分别从逆向工程技术、曲面造型技术、基于人体特征的曲面造型可穿戴产品设计方法的研究、耳机产品造型设计方法研究与应用等四个方面进行了较为详细的分析和总结，指出了存在的不足，最后介绍了本书研究的主要内容和组织框架。

第二章　相关理论与算法

主要论述了本书所构建的人耳相关产品曲面造型批量定制设计方法中所涉及的基本理论和算法，包括人耳基本结构以及外耳测量技术、NURBS 曲线曲面造型技术、层级聚类算法、K 近邻算法和概率神经网络算法等。

第三章　耳甲腔特征尺寸测量及分析

主要研究了耳甲腔复杂曲面样本采集、特征点自动和准确提取、特征尺寸测量与分析的方法。首先，结合外耳直接测量与间接测量技术，构建了适合耳甲腔复杂曲面样本大规模采集的方法，完成对 315 位 18—28 岁中国青年男性及女性的外耳三维数据模型的采集。其次，根据国内外人耳医学研究文献，完成对耳甲腔 11 个关键特征点的定义，并提出基于 NURBS 曲面曲率理论的关键特征点自动和准确提取的方法。最后，通过数理统计方法对耳甲腔特征尺寸的双边差异、个体差异、种族差异进行分析，指出：（1）中国青年人与国外青年人耳甲腔特征尺寸之间存在显著性差异，针对中国青年人设计的人耳相关产品尺寸不能依据国外的测量标准；（2）个体耳甲腔特征尺寸之间存在显著性差异，仅设计生产一款耳机无法满足绝大多数用户的佩戴需求，对中国青年人耳甲腔形态尺寸进行分类，为人耳相关产品提供批量定制设计依据十分必要。

第四章　复杂曲面型值点提取及耳甲腔曲面重构

主要研究耳甲腔曲面重构的方法，其目的是将由不同数量点云构成的耳甲腔三角网格曲面均重构成具有相同拓扑结构的 NURBS 曲面，为第五章提出针对耳甲腔曲面形态分类的改进层级聚类算法奠定基础。首先，提出获取复杂曲面型值点的"双向一阶轮廓线重构"法，从所有耳甲腔三角网格曲面样本中提取得到具有相同性质的 795 个数据点；其次，以 795 个数据点为型值点，基于 NURBS 曲面插值的方法将所有耳甲腔样本三角网格模型均重构成具有相同拓扑结构的 NURBS 曲面；最后，通过曲面误差分析、曲面曲率分析、曲面斑马纹理分析的方法，对耳甲腔重构曲面的精度、连续性及光顺度等品质进行检验，论证了本书构建的耳甲腔曲面重构方法的可行性和可靠性。

第五章　改进层级聚类算法与耳甲腔曲面形态聚类研究

本章研究的主要目的是构建针对入耳式耳机设计的耳甲腔曲面形态模型库。首先，针对传统层级聚类算法的不足，以最终聚类人数集中、聚类组别少及样本参与聚类比值高为目的，提出针对耳腔曲面形态分类的改进层级聚类算法，将 18—28 岁中国青年人耳甲腔曲面形态分为 29 类，并通过与传统层级聚类算法结果的对比论证了改进算法的优势；其次，基于改进层级聚类算法的结果，求得每一聚类组别的平均点集，以此为基础，基于 NURBS 曲面插值的方法计算得到每一组别的共性特征曲面，并将此作为入耳式耳机设计的耳甲腔曲面形态模型库；最后，通过组内样本及组间样本曲面间的误差分析对改进层级聚类算法结果的可靠性进行了验证。

第六章　入耳式耳机设计结果的人性化验证

首先，依据本书所构建的耳甲腔曲面形态模型库，对入耳式耳机曲面造型进行设计与 3D 打印；其次，通过佩戴及运动测试，对耳机的抗滑落性以及用户佩戴耳机时的主观舒适性进行检验；最后，建立基于耳机 – 耳甲腔有限元仿真分析的入耳式耳机佩戴舒适性客观验证方法。

第七章　入耳式耳机批量定制设计方法

首先，基于 K 邻近（KNN）算法构建了耳甲腔曲面形态识别模型，计算得到识别准确率；其次，基于概率神经网络（PNN）算法构建了耳甲腔曲面形态识别的训练和测试模型，计算得到识别准确率；最后，通过对两种耳甲腔曲面形态识别模型准确率的对比，确定了耳甲腔曲面形态概率神经网络识别模型与耳甲腔曲面形态模型库相结合的入耳式耳机批量定制设计方法，并对该方法进行了验证。

第八章　结论与展望

总结了本书主要研究工作与创新性成果，并对后续的研究工作方向和目标提出具体的设想。

图 1-13 所示为本书的组织框架和研究技术路线。

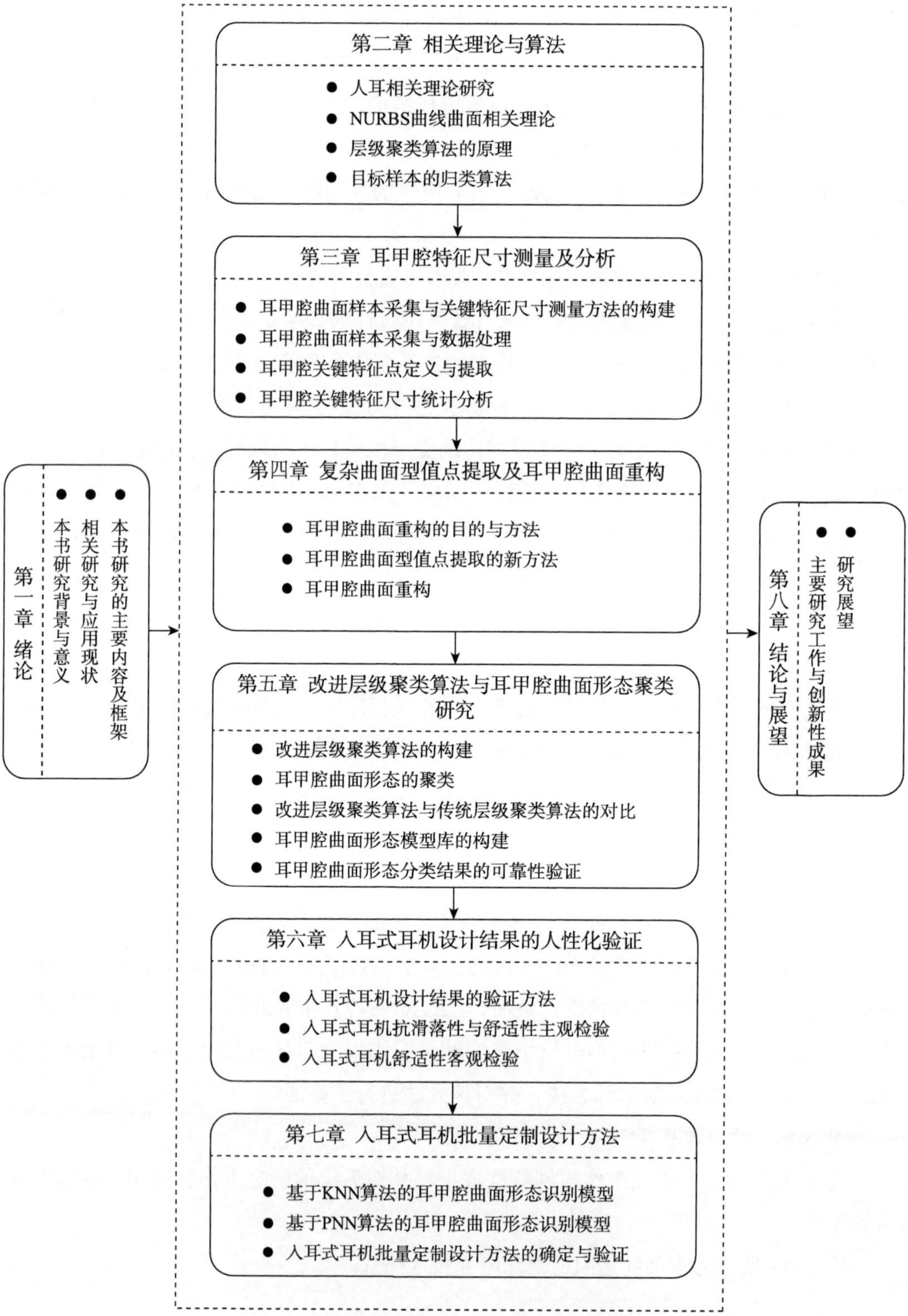

## 第二章 相关理论与算法

- 人耳相关理论研究
- NURBS曲线曲面相关理论
- 层级聚类算法的原理
- 目标样本的归类算法

## 第三章 耳甲腔特征尺寸测量及分析

- 耳甲腔曲面样本采集与关键特征尺寸测量方法的构建
- 耳甲腔曲面样本采集与数据处理
- 耳甲腔关键特征点定义与提取
- 耳甲腔关键特征尺寸统计分析

## 第四章 复杂曲面型值点提取及耳甲腔曲面重构

- 耳甲腔曲面重构的目的与方法
- 耳甲腔曲面型值点提取的新方法
- 耳甲腔曲面重构

## 第五章 改进层级聚类算法与耳甲腔曲面形态聚类研究

- 改进层级聚类算法的构建
- 耳甲腔曲面形态的聚类
- 改进层级聚类算法与传统层级聚类算法的对比
- 耳甲腔曲面形态模型库的构建
- 耳甲腔曲面形态分类结果的可靠性验证

## 第六章 入耳式耳机设计结果的人性化验证

- 入耳式耳机设计结果的验证方法
- 入耳式耳机抗滑落性与舒适性主观检验
- 入耳式耳机舒适性客观检验

## 第七章 入耳式耳机批量定制设计方法

- 基于KNN算法的耳甲腔曲面形态识别模型
- 基于PNN算法的耳甲腔曲面形态识别模型
- 入耳式耳机批量定制设计方法的确定与验证

### 第一章 绪论

- 本书研究背景与意义
- 相关研究与应用现状
- 本书研究的主要内容及框架

### 第八章 结论与展望

- 主要研究工作与创新性成果
- 研究展望

**图 1-13 本书组织框架与研究技术路线图**

# 第二章
# 相关理论与算法

本书以耳甲腔曲面形态为研究基础，以入耳式耳机为典型可穿戴产品，对人耳相关产品的曲面造型批量定制设计方法展开研究，其研究的理论基础包括耳甲腔的形状及其曲面描述、耳甲腔曲面形态的分类（形态聚类）算法、目标耳甲腔的归类（形态识别）算法等。本章主要围绕上述理论进行分析总结。

## 2.1 人耳相关理论研究

### 2.1.1 人耳基本结构

人耳为五官之一，是构成面部外形的重要器官，由外耳、中耳及内耳三部分组成。外耳由耳廓、外耳道及鼓膜三部分组成[126]。其中耳廓的作用为收集外来声波，主要由皮肤及弹性软骨构成，包括耳轮、三角窝、耳舟、耳甲艇、耳轮脚、对耳轮、耳道口、耳甲腔、耳屏及对耳屏、屏间切迹、耳垂等 11 个部分[127][图 2-1（a）]。整形专家 Tolleth[128] 指出，成年人正常耳廓的长度为 6.5—7.5 cm，耳廓的宽度是耳廓长度的20%—60%，耳廓上端一般与眉尖齐平，下端一般与鼻尖齐平，耳廓向后倾斜的角度大约为 20°。外耳道是一条从耳廓到鼓膜的 S 形管道，通常有 3 个拐点，其长度为 2.5—3 cm，其作用为对声波进行放大并传至鼓膜。鼓膜为灰白色半透明薄膜，主要作用是将声波的刺激传入中耳。中耳为听骨链，主要由锤骨、砧骨、镫骨组成［图 2-1（b）］，其主要功能是将来自外耳的声音传递到耳蜗和强声保护。内耳主要由前庭、耳蜗、耳蜗神经组成，其作用是将中耳传来的声音震动转换成生物电传入大脑的听觉中枢[124]。

耳甲腔是耳屏、对耳屏、耳轮脚和耳道口之间的腔体，而整个耳廓（包括耳轮、耳垂等）则形成了人耳的外部形状。入耳式耳机的形状和尺寸必须与耳甲腔相匹配，而头戴式耳机仅考虑耳廓的形状和尺寸。因此，对外耳形状尺寸的准确测量与分析是耳机设计的基础。

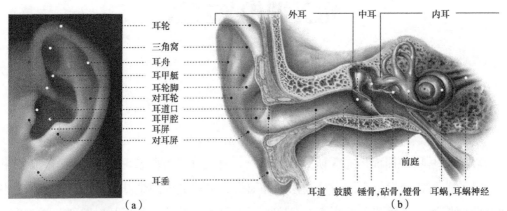

图 2-1　人耳解剖结构图（来源：http://heartalk.org/zh-hant/healthy_hearing/main/1/）

## 2.1.2　外耳测量技术研究

外耳是人耳的重要组成部分，不同种族对外耳有着不同的心理认知差异，如东方民族认为大耳是幸福和富贵的象征，而西方民族却忌讳大耳，认为其为犯罪的象征。不同种族、性别、个体的外耳形状尺寸之间存在显著性差异，因此各国学者分别对不同人群的外耳展开了定性及定量分析研究，以用于外耳生物识别、整形整容评估以及外耳相关产品设计等领域。外耳相关尺寸测量的准确性是实现外耳定量及定性分析的基础，由此学者们提出了不同的外耳测量方法，Liu 等[129]、Wang 等[89]、Coward 等[109-110] 指出外耳测量的方法可概括为直接测量（接触式测量）和间接测量（非接触式测量）。

### 1.　外耳直接测量技术

常规外耳直接测量方法主要利用游标卡尺、角度仪等工具（图 2-2），其具有测量速度快、成本低、便于大规模数据采集等优点，被学者广泛应用于外耳相关分析研究中，如：Jung[94] 对 600 位韩国人耳廓的 4 个特征尺寸进行测量；Zhao 等[90] 对 480 位中国未成年人耳廓的 3 个特征尺寸进行测量；Purkait 等[101]、Murgod 等[130] 分别对印度成年人外耳的 7 个特征尺寸进行测量；Purkait[102] 对 2 147 位印度儿童外耳的 8 个特征尺寸进行测量分析；Ahmed 等[97] 对苏丹 200 位 18—30 岁的青年人外耳的 6 个特征尺寸进行测量；Tatlisumak 等[131] 对土耳其塞拉尔巴亚尔大学的 400 位大学生 7 个外耳特征尺寸进行测量；Muteweye 等 [132] 对 305 位津巴布韦 9—13 岁的 2 个外耳特征尺寸进行测量分析。

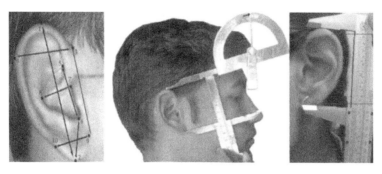

图 2-2　外耳直接测量方法 [97,101]

### 2.　外耳间接测量技术

外耳间接测量方法主要包括基于二维图像的外耳间接测量方法和基于三维图像的外耳间接测量方法。

（1）基于二维图像的外耳间接测量方法

如图 2-3 所示，基于二维图像的外耳间接测量方法的一般流程为：① 构建一个包括头颅固定器、座椅以及相机的外耳图像采集装置，以获取贴有参照物的外耳廓图像。此步骤需要确保人头部的姿势处于法兰克福平面、相机的焦距以及相机与外耳廓之间的物距均保持统一，以减小图像的畸变而导致的测量误差 [图 2-4（a）]；② 对所采集的外耳图像进行灰度、二值化、噪声处理 [图 2-4（b）]；③ 通过 Sobel、LaPlacian、LoG、Canny、Priwitt 等算子或形态学算法检测并提取人体特征轮廓及参照物的轮廓 [133-134] [图 2-4（c）]；④ 识别和提取外耳特征轮廓上的目标特征点 [图 2-4（d）]；⑤ 依据特征点计算测得外耳相关尺寸；⑥ 测量图像中的参照物直径，根据式（2-1）计算耳廓实际尺寸。

$$L_a = \frac{H_i}{H_a} \times L_i \qquad (2-1)$$

式中，$L_a$ 为实际外耳长度，$L_i$ 为图像中测得的外耳长度，$H_i$ 为图像中测得的参照物直径，$H_a$ 为参照物的实际直径，$H_i/H_a$ 为参照系数。

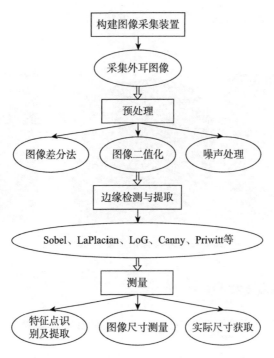

图 2-3　基于二维图像的外耳间接测量流程图

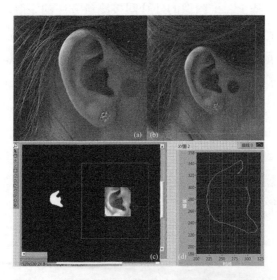

图 2-4　基于二维图像的外耳间接测量示意图

Han 等 [96]、Liu[93]、Ma 等 [91] 分别利用该方法对韩国、中国人外耳尺寸进行测量。Han 等 [96] 重复测量了外耳尺寸，利用独立样本 $t-$ 检验分析得到重复测量的数据之间不存在显著性差异（$P = 0.463$），论证了该方法的可靠性。Liu 等 [129] 进一步分别利用复印机扫描以及相机拍摄外耳二维图像的方法对外耳尺寸进行测量，通过计算两种测量结果的组内相关性系数（Intraclass Correlation Coefficient，ICC）以及标准误差（Stand Error of Measurement，SEM），指出两者之间不存在显著性差异，从而拓展了二维外耳图像的获取路径。

$$ICC = \frac{\sum_{i=1}^{n}(x_{1,i} - \overline{x})(x_{2,i} - \overline{x})}{(n-1)s_x^2} \qquad (2\text{-}2)$$

$$SEM = sd \times \sqrt{(1 - ICC)} \qquad (2\text{-}3)$$

式中，共有 $n$ 对数据（$x_{1,i}$, $x_{2,i}$），$i=1,2,\cdots$，$n$，$\overline{x}$ 是 $n$ 对数据的均值，$s_x^2$ 为 $n$ 对数据的方差，$sd$ 为尺寸总方差的平方根。

（2）基于三维图像的外耳间接测量方法

基于三维图像的外耳间接测量方法一般指通过三维扫描、医学计算机断层扫描（Computer Tomography，CT）以及核磁共振（Magnetic Resonance Imaging，MRI）等技术获取外耳三维图像数据，利用三维逆向工程软件 Rhinoceros、Geomagic、Mimics 等将外耳三维图像数据转换成网格曲面模型（图 2-5），然后在三维曲面模型上对外耳关键特征点进行标注、提取以及对特征尺寸进行测量。

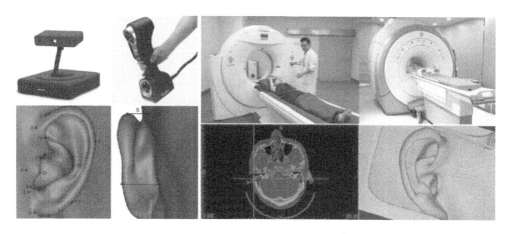

**图 2-5　外耳三维图像获取的方法** [92]

Coward 等 [135] 利用三维扫描仪采集 20 位英国人外耳三维数据并将数据转换成网格曲面模型，通过重复标注和提取外耳关键特征点对相关尺寸进行测量，利用配对样本 $t$- 检验分析指出重复测量结果之间不存在显著性差异，论证了该方法的可靠性；Aung 等 [136] 通过对传统直接测量的数据与三维扫描测量的数据进行对比分析，指出三维扫描测量的精度大于传统直接测量方法；Yu 等 [92,137] 利用 CT 成像技术对 40 位中国台湾人外耳道尺寸进行了测量；第四军医学大学王博 [89,124] 和上海第二医科大学韩强 [138]

分别利用 CT 成像技术对 485 位和 428 位中国人外耳形态尺寸进行测量分析，构建了外耳形态数据库以用于耳赝复体的制作和临床外耳修复评估；Coward 等 [139]、Fourie 等 [140] 分别利用 CT，MRI 及三维扫描仪对英国、新西兰人外耳的三维数据进行采集与测量，通过组内相关性以及双因素方差分析（Two-way ANOVA），指出三组测量结果之间存在较强的相关性且不存在显著性差异，论证了基于三维图像的外耳相关尺寸测量方法的可行性与可靠性。

不同的外耳测量方法有着各自的优点：外耳直接测量方法与基于二维图像的外耳间接测量方法均适合大规模数据采集、采集速度快且成本低；基于三维扫描技术与医学成像技术的外耳间接测量方法具有测量精度高、可获取较为丰富的外耳曲面信息等优点。但不同的外耳测量方法也存在相应的缺点：间接测量方法具有不可逆性，如果对数据存在疑问无法返回进行重新测量，同时外耳特征点均在软组织上，直接测量可能会引起特征点位置的偏移而导致测量出现误差；基于二维图像的外耳间接测量方法无法获取耳道口的尺寸信息，测量数据的精度受图像畸变的影响较大，且测量数据无法体现外耳三维形态特征；由于外耳曲面形态较为复杂，基于三维扫描技术的外耳测量方法通常无法获取外耳被遮挡面的点云数据，虽然 Zhang 等 [141]、Huang 等 [119] 提出石膏脱模和三维扫描技术相结合的外耳完整三维模型获取方法，但过程较为复杂，不适合数据的大规模采集；基于医学 CT 和 MRI 技术的外耳测量方法其采集费用较为昂贵，可能对人体有伤害，无法应用于大规模外耳数据采集。本节对现有外耳测量技术的研究对第三章构建耳甲腔特征尺寸测量分析的方法具有重要指导意义，第三章将综合现有外耳测量技术的利弊，构建适合耳甲腔曲面样本大规模采集、耳甲腔特征点自动提取及特征尺寸准确测量的方法。

## 2.2　NURBS 曲线曲面相关理论

### 2.2.1　NURBS 曲线

NURBS 曲线通常有齐次坐标、有理分式以及有理基函数三种表达方式，其中有理分式是较为常用的表示方式。

定义 2-1　一条阶次为 $k$ 的 NURBS 曲线的有理多项式矢函数为 [142]：

$$p(u) = \frac{\sum\limits_{i=0}^{n} w_i d_i N_{i,k}(u)}{\sum\limits_{i=0}^{n} w_i N_{i,k}(u)} \qquad （2-4）$$

式中，$w_i$ 和 $d_i$ 分别为 NURBS 曲线的权因子和控制顶点；$i$ 为控制点、权因子以及样条基函数的编号（$i = 1,2,\cdots,n$）；$n$ 为控制点、权因子和样条基函数的数量；$k$ 为 NURBS 曲线的阶次；$u$ 为 NURBS 曲线的参变量（$u \in [u_i, u_{i+1}]$）；$N_{i,k}(u)$ 为 $k$ 次 NURBS 曲线的基函数。

$N_{i,k}(u)$ 可由节点矢量 $\boldsymbol{U} = [u_0,u_1,\cdots,u_{n+k+1}]$，按德布尔－考克斯递推公式计算得到。

$$\begin{cases} N_{i,0}(u) = \begin{cases} 1, \text{若} u_i \leqslant u < u_{i+1} \\ 0, \text{其他} \end{cases} \\ N_{i,k}(u) = \dfrac{u - u_i}{u_{i+k} - u_i} N_{i,k-1}(u) + \dfrac{u_{i+k+1} - u}{u_{i+k+1} - u_{i+1}} N_{i+1,k-1}(u), k \geqslant 1 \\ \text{规定} \dfrac{0}{0} = 0 \end{cases} \quad （2\text{-}5）$$

当控制顶点数量为 $n$，NURBS 曲线的阶次为 $k$ 时，则节点数量为（$n+k+1$）。

在实际应用中，NURBS 首末权因子 $w_0, w_n > 0$，其余 $w_i \geqslant 0$，以确保分母不为 0、曲线不因权因子而退化为一点及保留较好的凸包性质。节点矢量在首末端点处的节点值分别取 0 和 1，节点的重复度取值为（$k+1$），即为 $u_0 = u_1 = \cdots = u_k = 0$，$u_{n+1} = u_{n+2} = \cdots = u_{n+k+1} = 1$，由此可将曲线的定义域表述为：$u \in [u_k, u_{n+1}] = [0,1]$。若权因子 $w_1$，$w_{n-1} \neq 0$，NURBS 曲线首末的端点即为首末的控制顶点，曲线在首末端点处分别与控制多边形的首末边相切[142]。

权因子 $w_i$ 是 NURBS 曲线的重要参数，其影响定义在区间 $u \in [u_i, u_{i+1}] \subset [u_k, u_{n+1}]$ 上曲线的形状。固定曲线的参数 $u \in [u_i, u_{i+1}]$，使得权因子 $w_i$ 在一定范围内变化，当 $w_i$ 取值不同时，可得到不同的点（图 2-6）。

$$\begin{cases} m = p(u); w_i = 0 \\ d_i = p(u); w_i = +\infty \\ n = p(u); w_i = 1 \\ p = p(u); w_i \neq 0,1 \end{cases} \quad （2\text{-}6）$$

且 $m$、$n$、$p$ 和 $d_i$ 共线，则：

$$\begin{cases} n = (1-\alpha)m + \alpha d_i \\ p = (1-\beta)m + \beta d_i \end{cases} \quad （2\text{-}7）$$

其中

$$\begin{cases} \alpha = \dfrac{N_{i,k}(u)}{\sum\limits_{j=0}^{n} w_j N_{j,k}(u)} \\ \beta = R_{i,k}(u) = \dfrac{w_i N_{i,k}(u)}{\sum\limits_{j=0}^{n} w_j N_{j,k}(u)} \end{cases} \quad （2\text{-}8）$$

共线四点 $d_i$、$p$、$n$ 与 $m$ 的交比为：

$$\frac{\overline{d_in}}{\overline{nm}} : \frac{\overline{d_ip}}{\overline{pm}} = \frac{1-\alpha}{\alpha} : \frac{1-\beta}{\beta} = w_i \qquad (2\text{-}9)$$

这表明权因子 $w_i$ 等于共线四点 $d_i$，$m$，$n$，$p$ 的交比[143]。当权因子 $w_i$ 趋向于无穷大时，则曲线无限趋近于控制顶点 $d_i$；当 $w_i$ 减小时，则曲线被推离控制顶点 $d_i$。

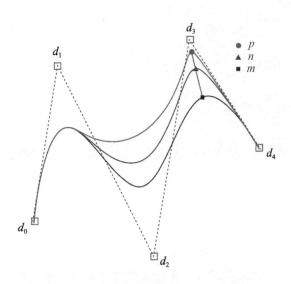

图 2-6    NURBS 曲线权因子的交比性质

## 2.2.2    NURBS 曲面

定义 2-2    一条阶次为 $k \times l$ 的 NURBS 曲面的有理多项式矢函数可定义为[142]：

$$p(u,v) = \frac{\sum_{i=0}^{n}\sum_{j=0}^{m} w_{i,j} d_{i,j} N_{i,k}(u) N_{j,l}(v)}{\sum_{i=0}^{n}\sum_{j=0}^{m} w_{i,j} N_{i,k}(u) N_{j,l}(v)} \qquad (2\text{-}10)$$

式中，$d_{i,j}$ 和 $w_{i,j}$ 分别为 NURBS 曲面的控制顶点、权因子，$i$ 为 $u$ 方向控制顶点、权因子和样条基函数的编号 ($i = 0,1,\cdots,n$)，$j$ 为 $v$ 方向控制顶点、权因子和样条基函数的编号 ($j = 0,1,\cdots,m$)，$n$ 和 $m$ 分别为 $u$、$v$ 方向控制点、权因子和样条基函数的数量；$k$ 和 $l$ 分别为 NURBS 曲面的 $u$、$v$ 方向阶次；$u$ 和 $v$ 分别为 NURBS 曲面两个方向上的参数变量，$u \in [u_i, u_{i+1}] \subset [u_0, u_n]$，$v \in [v_j, v_{j+1}] \subset [v_0, v_m]$。

基函数 $N_{i,k}(u)$ 和 $N_{j,l}(v)$ 可分别由节点矢量 $U=[u_0,u_1,\cdots,u_{n+k+1}]$ 和 $V=[v_0,v_1,\cdots,v_{m+l+1}]$ 按德布尔－考克斯递推公式给出，具体见公式（2-5）。

控制顶点 $d_{i,j}$ 呈矩形阵列，形成一个控制网格。$w_{i,j}$ 为与顶点 $d_{i,j}$ 相联系的权因子，规定四角顶点处用正权因子，即 $w_{0,0}$、$w_{n,0}$、$w_{0,m}$、$w_{n,m} > 0$，其余 $w_{i,j} \geqslant 0$，且 $k \times l$ 个权因子不同时为 0。

权因子 $w_{i,j}$ 是 NURBS 曲面的重要参数，其影响子矩形域 $u_i < u < u_{i+k+1}$，$v_j < v < v_{j+l+1}$ 上曲面的形状。固定两参数值 $u \in (u_i, u_{i+k+1})$ 与 $v \in (v_j, v_{j+l+1})$，当 $w_{i,j}$ 取值不同时，可得到不同的点（图 2-7）。

$$\begin{cases} m = p(u,v); w_{i,j} = 0 \\ d_i = p(u,v); w_{i,j} = +\infty \\ n = p(u,v); w_{i,j} = 1 \\ p = p(u,v); w_{i,j} \neq 0,1 \end{cases} \quad (2\text{-}11)$$

且 $m, n, p$ 与 $d_{i,j}$ 共线，则：

$$\begin{cases} n = (1-\alpha)m + \alpha d_{i,j} \\ p = (1-\beta)m + \beta d_{i,j} \end{cases} \quad (2\text{-}12)$$

其中

$$\begin{cases} \alpha = \dfrac{N_{i,k}(u)N_{j,l}(v)}{\sum\limits_{i\neq r=0}^{n}\sum\limits_{j\neq s=0}^{m} N_{r,k}(u)N_{s,l}(v) + N_{i,k}(u)N_{j,l}(v)} \\ \beta = R_{i,k;j,l}(u,v) = \dfrac{w_{i,j}N_{i,k}(u)N_{i,k}(v)}{\sum\limits_{r=0}^{n}\sum\limits_{s=0}^{m} w_{r,s}N_{r,k}(u)N_{s,l}(v)} \end{cases} \quad (2\text{-}13)$$

与 NURBS 曲线一致，可得到共线四点 $d_{i,j}$、$p$、$n$ 与 $m$ 的交比为：

$$\frac{\overline{d_{i,j}n}}{nm} : \frac{\overline{d_{i,j}p}}{pm} = \frac{1-\alpha}{\alpha} : \frac{1-\beta}{\beta} = w_{i,j} \quad (2\text{-}14)$$

$$w_{i,j} = 1 \qquad\qquad w_{i,j} = 4 \qquad\qquad w_{i,j} = 10$$

图 2-7　NURBS 曲面权因子的交比性质

这表明权因子 $w_{i,j}$ 等于共线四点 $d_{i,j}$，$m$，$n$，$p$ 的交比[142]。当权因子 $w_{i,j}$ 趋向于无穷大时，则曲线无限趋近于控制顶点 $d_{i,j}$；当 $w_{i,j}$ 减小时，则曲线被推离控制顶点 $d_{i,j}$。

## 2.2.3　NURBS 曲面重构

曲面重构是计算机辅助几何设计（Computer Aided Geometric Design，CAGD）、计算机图形学（Computer Graphics，CG）、逆向工程（Reverse Engineering，RE）等领域的核心，是指将从实物表面采样得到的离散数据通过合理约束，构造成分段光滑、连续的 CAD 模型过程。曲面重构依据其构造的样条函数可分为孔斯双三次曲面片、样条方法、弗格森双三次曲面片、Bézier 方法、有理 Bézier、B 样条方法、非均匀有理 B 样条（NURBS）方法[142]。其中非均匀有理 B 样条方法既可以精确地表示二次规则曲线曲面，又能用统一的数学形式表达规则曲面与自由曲面，同时其具有影响曲线曲面形状的权因子，便于控制曲线形状[38]。

NURBS 曲面重构可直接对获取的数据点云进行曲面拟合，获得的曲面片经过过渡、混合、拼接、修改等形成最终曲面模型。拟合过程主要包括插值（Interpolation）和逼近（Approximation）两种方法[144]，本书主要介绍 NURBS 曲面插值算法，依据给定的型值点数据实现曲面插值的方法也可以称为曲面反算。选取型值点数据中的 4 个点作为曲面的 4 个角点，剩余的点集作为相邻面片的公共角点，并依据给定的型值点 $p_{i,j}$（$i=0,1,\cdots,r$；$j=0,1,\cdots,s$）采用内插法构建 $k \times l$ 阶次 NURBS 曲面片。为实现 NURBS 曲面插值，给定的型值点应处于曲面拟合所需要的参数线上。曲面上控制顶点的数目及其分布情况可决定曲面的具体形状，为确定未知控制顶点 $d_{i,j}$（$i=0,1,\cdots,n$；$j=0,1,\cdots,m$；$n=s+k-1$；$m=r-1$），则需要求解张量积曲面插值方程[21]：

$$p(u,v)=\sum_{i=0}^{n}\sum_{j=0}^{m}d_{i,j}N_{i,k}(u)N_{j,l}(v) \qquad (0\leqslant u,v\leqslant 1) \qquad （2-15）$$

对应的样条曲线的表达式为：

$$p(u,v)=\sum_{i=0}^{n}c_i(v)N_{i,k}(u) \qquad （2-16）$$

控制顶点通过式（2-17）的控制曲线表征：

$$c_i(v)=\sum_{j=0}^{m}d_{i,j}N_{j,l}(v) \qquad (i=0,1,\cdots,n) \qquad （2-17）$$

假定参数值 $v$ 不变，可求得拟合曲线上所需要的 $n+1$ 个点 $c_i(v)$（$i=0,1,\cdots,n$），以 $n+1$ 个点为曲面的控制点，即可构建面片 $u$ 方向的参数曲线。参数 $v$ 在 $u$ 方向进行扫描时，可求解得到 $u$、$v$ 方向上的所有参数线，并以此来构建 NURBS 曲面。其中在 $u$ 方向的参数线上，有 $m+1$ 条内插值控制曲线，其对应点云数据中的每列离散点。对 $m+1$

条插值曲线进行反算，可求解插值曲线所对应的控制顶点 $\tilde{d}_{i,j}(i=0,1,\cdots,n\,;j=0,1,\cdots,m)$：

$$s_j(u_{k+1})=\sum_{r=0}^{n}\tilde{d}_{i,j}N_{r,k}(u_{k+1})=p_{i,j} \qquad （2-18）$$

以截面曲面为等参数线的曲面要求用一组控制曲线来定义截面曲线的控制顶点 $c_i(v_{l+j})=d_{i,j}(i=0,1,\cdots,n\,;j=0,1,\cdots,m)$。选择一组 $v$，参数值 $v_{l+j}(j=0,1,\cdots,m)$，即为数据点 $p_{i,j}$ 的 $v$ 参数值，则该问题可表达为 $n+1$ 条插值曲线的反求问题[21]。

$$\sum_{s=0}^{n}d_{i,s}N_{s,l}(v_{l+j})=\tilde{d}_{i,j}\,(\,i=0,1,\cdots,n;j=0,1,\cdots,m) \qquad （2-19）$$

求解这些方程组，可得到所求插值曲面的 $(n+1)\times(m+1)$ 个控制顶点 $d_{i,j}(i=0,1,\cdots,n;\,j=0,1,\cdots,m)$。

## 2.3　层级聚类算法的原理

### 2.3.1　聚类分析概述

聚类分析（Clustering Analysis）是一种无监督的学习方法，通过一定的规则将数据按照定义的相似性划分为若干个类簇，使各类别间的相似性尽可能小，类别内的相似性尽可能大。聚类分析的一般步骤如图 2-8 所示。

**图 2-8　聚类算法的一般步骤**

聚类分析算法有很多，算法的选择取决于数据的类型、聚类目的和具体应用。目前为止，尚没有一种聚类算法可以普遍适用于揭示各种数据集所呈现出的多样化结构。现有聚类算法大致可分为划分式聚类算法（K-means 和 K-medoids 算法）、层级聚类算法（BIRCH、CURE、CHAMELEON、ROCK 以及 SBAC 算法）、基于密度的聚类算法（DBSCAN 和 OPTICS 算法）、基于网格的聚类算法（STING、CLIQUE 以及 WaveCluster 算法）、基于模型的聚类算法（COBWEB、SOM 以及 AutoClass 算法）、基于遗传算法的聚类方法等[145]。层级聚类算法是聚类分析的重要分支，本节将重点分析研究层级聚类算法的基本原理与实现步骤，为第五章构建针对耳甲腔曲面形态分类的层级聚类改进算法提供理论基础。

## 2.3.2　层级聚类算法的定义与停止准则

层级聚类算法（Hierarchical Clustering）又称为树聚类算法或系统聚类算法，按照自上而下和自下而上的方法可将层级聚类算法分为分裂式和凝聚式层级聚类算法。分裂式层级聚类算法的基本思路为：首先将所有样本归为一类，然后将其不断分裂，直到每个样本自成一类或者达到某个终止条件。凝聚式层级聚类算法的基本思路为：首先将每个样本看成独立的个体类，然后将各个体类中相近的进行合并，依次迭代合并直到所有样本聚合成一个类，或者达到设定的停止准则为止。对于一组包含 $x$ 个元素的数据，分裂式算法在每一步分类时，需要考虑（$x^2-1$）种划分情况，而凝聚式算法从一个层次到另一个层次所需要的计算方法比较简单快捷，是相关领域研究较为常用的聚类方法[146]，因此本节主要研究基于凝聚式的层级聚类算法。

层级聚类算法的停止准则一般分为两类[145-146]：（1）设定距离阈值，指当两个样本或类别之间的距离超过设定的阈值，则终止分类，见图 2-9，当样本 $S_2$ 和 $S_4$ 归为一类时，类别（$S_2, S_4$）与其他样本或者集合之间的距离均大于设定的距离阈值，则终止分类；（2）设定分组数阈值，指当分组数达到设定的阈值，则终止分类，见图 2-9，当设定分组数阈值为 2 时，最终将 7 个样本分为两个组别（$S_2, S_4$）和（$S_3, S_5, S_1, S_6, S_7$）。

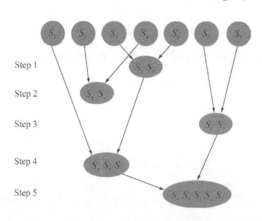

**图 2-9　传统层级聚类算法树状图**

## 2.3.3　层级聚类算法中类间的联结准则

在层级聚类算法中样本与样本之间的联结准则通常为计算样本间的欧式距离、平方欧式距离或曼哈顿距离，将样本间距离最小的归为一个集合（即距离越小，则其相似程度越高），如图 2-9 所示，在步骤 1 中将样本 $S_3$ 和 $S_5$ 聚为一类。组别和单独样本、组别和组别之间进行联结的准则主要有以下四种：

（1）单联准则（Single-linkage），指将两个组别中距离最近的两个样本的距离作为这两个组别的距离［图 2-10（a）］；

$$d_{\min}(C_i, C_j) = \min_{a \in S_i, b \in S_j} \|a - b\|$$

（2-20）

（2）全联准则（Complete-linkage），与单联准则相反，指将两个组别中距离最远的两个样本的距离作为这两个组别的距离［图 2-10（b）］；

$$d_{\max}(C_i, C_j) = \max_{a \in S_i, b \in S_j} \|a - b\|$$

（2-21）

（3）平均联结准则（Average-linkage），指将两个组别中所有样本间的距离的平均距离作为两个组别的距离［图 2-10（c）］；

$$d_{\mathrm{avg}}(C_i, C_j) = \frac{1}{n_i n_j} \sum_{a \in S_i} \sum_{b \in S_j} \|a - b\|$$

（2-22）

式中，$n_i$ 和 $n_j$ 分别为类 $C_i$ 和 $C_j$ 中的样本个数，$\|a - b\|$ 为类 $C_i$ 中样本 $a$ 到类别 $C_j$ 中样本 $b$ 的距离。

（4）质心联结准则（Centroid-linkage 或 Mean-linkage），指分别计算两个组别的质心点，以质心点之间的距离作为两个组别的距离［图 2-10（d）］。

$$d_{\mathrm{mean}}(C_i, C_j) = \|m_i - m_j\|$$

（2-23）

式中，$m_i$ 和 $m_j$ 分别是类 $C_i$ 和 $C_j$ 中各样本的平均值，在各联结准则中常用欧式距离作为度量准则[146]。

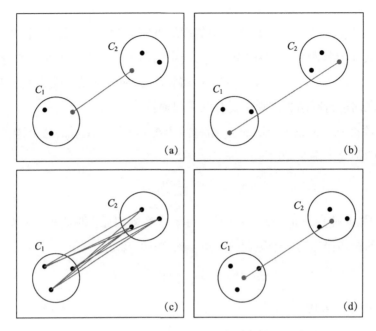

图 2-10　层级聚类算法中四种类间联结准则示意图

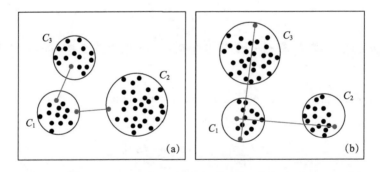

图 2-11　基于单联准则与全联准则的凝聚式层级聚类算法存在的问题

使用单联准则时，通常两个集合之间从全局来看离得比较远，但少数点的距离比较近导致两个集合归为一类［图 2-11（a）］；使用全联准则时，通常两个集合之间从全局来看离得比较近，但少数点的距离比较远导致两个集合不能归为一类［图 2-11（b）］。由此可见，单联准则和全联准则这两种层级聚类算法对孤立点和噪声比较敏感。平均联结准则和质心联结准则考虑到数据的整体分布状态，一定程度上可以解决孤立点和噪声敏感的问题，也是研究人员较为常用的两种联结准则[147]。

## 2.3.4　凝聚式层级聚类算法的基本流程

假设待聚类的样本数据集为 $S=\{S_1,S_2,\cdots,S_n\}$，图 2-12 为凝聚式层级聚类算法的流程图（以质心联结准则为例），具体步骤如下：

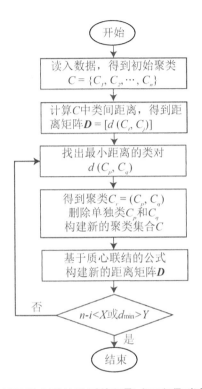

**图 2-12　基于质心联结准则的凝聚式层级聚类算法流程图**

（1）初始分类，把每个样本 $S_i$ 看成一个单独类 $C_i$，构建一个初始聚类 $C=\{C_1,C_2,\cdots,C_n\}$，则此时类别的个数为 $n$；

（2）计算 $C$ 中各类之间的距离，记为距离矩阵 $\boldsymbol{D}=[\,d(C_i,C_j)\,]$；

（3）找出距离矩阵 $\boldsymbol{D}$ 中最小距离的类对，记为 $d(C_p,C_q)$，由此可知 $d(C_p,C_q)$ 即为 $\min[\,d(C_i,C_j)\,]$；

（4）将该类对合并成一个新的聚类 $C_r=(C_p,C_q)$，删除单独类 $C_p$ 和 $C_q$，则构成一个新的聚类集合 $C=\{C_1,C_2,\cdots,C_{p-1},C_{p+1},\cdots,C_{q-1},C_{q+1},\cdots,C_r,\cdots,C_n\}$，此时类别的个数为 $(n-1)$；

（5）分别求得类 $C_r$ 与剩余各类的距离、剩余各类之间的距离，构建新的距离矩阵 $\boldsymbol{D}$，其中 $C_r$ 与剩余各类的距离计算方法见公式（2-23）；

（6）重复步骤（3）—（5），找出最小距离的类对、合并新的聚类、删除单独类、构建新的聚类集合，当类别的数目 $(n-i)$ 达到设定的分组数目阈值 $X$，或者类别间的最

小距离 $d_{\min}$ 大于设定的类别间的距离阈值 $Y$ 时,则停止程序的运行。

本书依据层级聚类算法的原理,以样本耳甲腔曲面的型值点坐标为基础数据,对耳甲腔的曲面形态进行分类,进而以此分类作为入耳式耳机批量化定制的理论依据。

# 2.4　目标样本的归类算法

归类是指判断一个特定的样本(本书称为目标样本,下同)属于已划分的类簇中的哪一类,也可称为样本识别。目前比较经典的算法是 K 近邻(K-Nearest Neighbor,KNN)算法和概率神经网络(Probabilistic Neural Networks,PNN)算法。这两种算法对不同的识别问题,其识别率有所不同,但具体哪种算法适用于哪种识别问题,目前还没有文献报导。本书在入耳式耳机的批量定制设计中,分别用两种算法对目标样本进行识别归类,比较其识别率,以确定合适的识别算法。

## 2.4.1　KNN 算法的基本原理

KNN 算法也叫 K 近邻算法,最早是由 Cover 和 Hart 提出的一种非参数分类方法[148-149],其是统计模式识别方法中较为重要的一个算法。该算法的核心思路是:计算一个待分类样本与训练样本的相似性,找出最相似的 $K$ 个样本,如果 $K$ 个样本中绝大多数属于某一个类别,则待分类样本就属于该类别[150](图 2-13)。

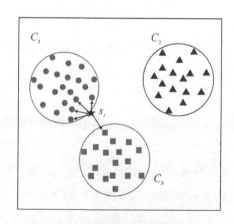

图 2-13　KNN 算法原理示意图

在 KNN 算法中，所选择邻居的类别是已知的，因此 K 近邻在判别类别时是根据最邻近的一个或者几个样本的类别来判定待分类样本所属的类别[150]。KNN 算法的基本流程如下（图 2-14）：

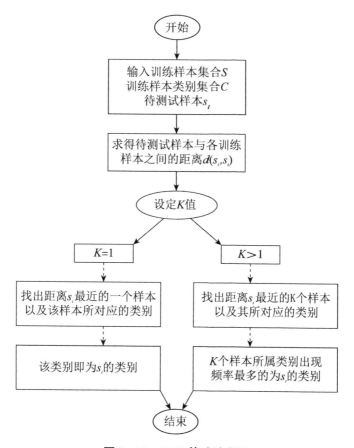

图 2-14  KNN 算法流程图

（1）构建训练样本集合 $S=\{s_1, s_2, \cdots, s_n\}$、训练样本所属类别集合 $C=\{c_1, c_2, \cdots, c_z\}$，一个待测试样本为 $s_t$，设定训练样本和测试样本均属于 $x$ 维空间 $\mathbf{R}^x$，则任意样本 $S=(s_{i,1}, s_{i,2}, \cdots, s_{i,k}) \in \mathbf{R}^x$，其中 $s_{i,k}$ 表示训练样本 $i$ 的第 $k$ 个特征属性值，$k=1,2,\cdots,m$。

（2）求得测试样本 $s_t$ 与各训练样本的距离，通常利用欧式距离来度量，则训练样本 $s_i$ 到测试样本 $s_t$ 的距离求解见式（2-24）：

$$d(s_i, s_t) = \|s_i - s_t\| = \sqrt{\sum_{k=1}^{m} |s_{i,k} - s_{t,k}|^2} \qquad (2\text{-}24)$$

（3）设定 $K$ 的初值，$K$ 值的确定尚没有统一的方法，通常是先确定一个初始值，然后根据试验结果不断调试，直至结果达到最优[151]。

（4）当 $K>1$ 时，找出与待分类样本 $s_t$ 距离最近的 $K$ 个样本，记为 $s_1, s_2, \cdots, s_k$。则待测样本 $s_t$ 所属类别 $f(s_t)$ 的求解见式（2-24）[151]。当 $K=1$ 时，找出与待分类样本 $s_t$ 距离最小的 1 个样本，则该样本所属类别就是测试样本 $s_t$ 的类别。

$$f(s_t) = \arg \max_{c \in C} \sum_{i=1}^{k} \varepsilon [c, f(s_i)] \qquad (2\text{-}25)$$

式中，$\varepsilon$ 为 Kronecker delta 函数[151]，当 $c = f(s_i)$ 时，$\varepsilon = 1$；否则 $\varepsilon = 0$。

KNN 算法简单直观，在分类的过程中不需要额外的数据来描述规则，其规则即为训练样本本身。KNN 算法在做分类决策时，直接利用样本和样本之间的关系，减少了因类别特征选择不当而对分类结果造成的不利影响，可以最大限度地减少分类过程中的误差。尤其是对于一些类别特征不明显的类别而言，KNN 算法可以充分体现出其分类规则独立性的优势，因而被广泛应用于模式识别领域，如语音情感识别、文本识别、图像识别、步态识别、头型识别等。

## 2.4.2 PNN 算法的基本原理

PNN 算法的全称是概率神经网络算法，是 Specht 在 1990 年提出的，该算法是由 Bayes 分类规则和 Parzen 窗的概率密度函数估计方法发展而来的并行算法[152]。在解决分类与识别的问题中，PNN 与其他神经网络相比具有独特的优势：（1）在保持非线性算法高精度的前提下，利用线性学习算法代替非线性学习算法进行运行，不会产生 BP 网络的局部极小值问题；（2）其网络权值即为模式样本分布，可以达到实时处理的目标需求；（3）PNN 模型的模式分类器是完全前向的计算过程，与传统的 BP 神经网络相比，其具有训练时间短，处理快速的优点[153]。PNN 的基本思想与 K 近邻算法相似，即为待测样本属于哪类的概率最大，就将该样本划分到该类。PNN 模型包括输入层、模式层（隐藏层或径向基层）、求和层（竞争层或累加层）、输出层[153]，其基本网络结构如图 2-15 所示。

第一层为输入层：该层不做任何计算，只接收来自训练样本的数据 $X = (x_1, x_2, \cdots, x_d)$，并将特征向量传递给网络，该层是模型运行的数据来源，其神经元个数与样本矢量维度（输入向量长度）相等。

第二层为模式层：通过连接权值与输入层连接，计算输入层的特征向量与训练集中各个模式的匹配程度或相似度，将其欧式距离送入高斯函数得到模式层的输出，该层的神经元个数与输入训练样本个数相等，该层的输出公式如式（2-26）所示。

$$\Phi_{i,j}(X) = \frac{1}{(2\pi)^{d/2}\sigma^d} \exp\left[ -\frac{(X - X_{i,j})^{\mathrm{T}}(X - X_{i,j})}{2\sigma^2} \right] \tag{2-26}$$

式中，$i = 1,2,\cdots,M$；$j = 1,2,\cdots,N_i$；$M$ 为训练样本的总类别数目；$N_i$ 为第 $i$ 类训练样本的数据数目，即为 PNN 的第 $i$ 类描述的隐藏层神经元个数；$d$ 为样本数据的维度；$\sigma \in (0,\infty)$ 为平滑参数；$X_{i,j}$ 为第 $i$ 个模式的第 $j$ 个隐藏中心矢量。

第三层是求和层：该层的作用是将径向基层或模式层中属于同一类的隐含神经元的输出做加权平均计算［式（2-27）］，该层的神经元个数与样本的类别数目相等。

$$f_{iN_i}(X) = \frac{1}{N_i} \sum_{j=1}^{N_i} \Phi_{i,j}(X) \tag{2-27}$$

第四层为输出层，属于网络的决策层，其由简单的阈值判别器构成，该层的作用在于对来自求和层的概率密度进行比较，挑选出具有最大后验概率密度的神经元，该神经元的输出为 1，其余神经元的输出为 0，该层的神经元个数与样本的类别数目相等。

$$p(X) = \arg\max\left[ a_i, f_{iN_i}(X) \right] \tag{2-28}$$

式中，$p(X)$ 为样本 $X$ 输入该网络后得到的估计类别，$a_i$ 为类别 $i$ 的先验概率。

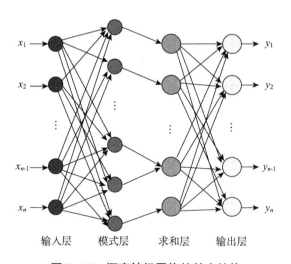

图 2-15　概率神经网络的基本结构

PNN 因其独特的优势，被国内外学者用于各领域的模式分类识别问题，如语音识别、步态识别以及植物叶片自动识别、人脸识别等图像识别领域。在医学领域，Darouei 等[154] 基于概率神经网络对心电图特征进行识别；Mantzaris 等[155] 采用概率神经网络研究膀胱输尿管的回流问题，并指出该方法在训练效率和识别率上均取得较大进步。在人体体型特征识别研究方面，Shahrabi 等[156]基于概率神经网络，构建了通过输入 10 个服装关键二维尺寸数据直接判别人体体型类别的识别模型，完成了人体体型的分类识别；学者倪世明依据神经网络构建了基于纵截面曲线形态的青年女性体型识别模型，取得了高达 98.67% 的识别精度[157]；金娟凤等分别构建了基于概率神经网络的腰腹臀部[153]、单独臀部[158]的识别模型，分别取得了 92.24%—95.69%、96%的识别准确率。

上述文献的研究对本书构建基于概率神经网络的耳甲腔特征曲面形态识别模型，以实现人耳相关产品批量定制设计的目标，具有重要的指导意义。

## 2.5　本章小结

本章对本书所涉及的理论进行了分析研究，内容主要包括：人耳基本结构及外耳测量技术；NURBS 曲线曲面基本理论；层级聚类算法的基本原理；KNN 算法的基本原理以及 PNN 算法的基本原理。上述理论研究为本书接下来分别构建外耳样本数据大规模采集与关键特征点自动及准确提取的耳甲腔特征尺寸测量方法、复杂曲面型值点提取及耳甲腔曲面重构方法、针对耳甲腔曲面形态分类的改进层级聚类算法与针对入耳式耳机设计的耳甲腔曲面形态模型库方法，以及基于耳甲腔曲面形态识别的入耳式耳机批量定制设计方法提供了重要的基础理论依据。

# 第三章

# 耳甲腔特征尺寸测量及分析

符合人体工学的产品造型设计是产品开发的首要因素，人体相关形状尺寸的准确测量与分析是设计符合人体工学产品的基础。人体尺寸的测量主要分为样本采集与特征点提取两个部分。本章依据现有外耳测量方法存在的问题，提出耳甲腔曲面模型获取的方法；综合国内外医学研究文献，对耳甲腔关键特征点进行定义，并根据NURBS 曲面曲率原理提出耳甲腔关键特征点三维坐标自动和准确提取的方法；依据所提取的特征点坐标值，计算得到耳甲腔关键特征尺寸，通过配对样本 $t-$ 检验、描述性统计分析、独立样本 $t-$ 检验等数理统计方法，对 18—28 岁中国青年人左右耳甲腔尺寸之间的差异性、不同性别尺寸之间的差异性，以及中国青年人耳甲腔与国外青年人相关尺寸之间的差异性进行系统分析。

## 3.1 耳甲腔曲面样本采集与关键特征尺寸测量方法的构建

本书以入耳式耳机为典型产品，研究人耳相关产品曲面造型批量定制设计方法。从人机工学的角度来看，入耳式耳机的形状尺寸主要受耳甲腔曲面形态尺寸影响，因此本书主要采集、测量与分析人耳耳甲腔部分。分析现有不同测量方法可知：传统直接测量方法、基于二维图像的外耳间接测量方法无法获取耳甲腔三维曲面数据；基于三维扫描技术的外耳间接测量方法受其曲面相互之间的遮挡等因素的影响，无法获取完整的耳甲腔曲面数据；基于 CT 和 MRI 技术的外耳测量方法又不适合大规模数据采集。因此，本书提出介于直接测量和间接测量之间的一种方法，首先对外耳实体耳印模型进行采集，进一步利用三维扫描仪对耳印模型进行三维扫描以获取包括外耳道曲面形态的外耳三维数据（图 3-1）。

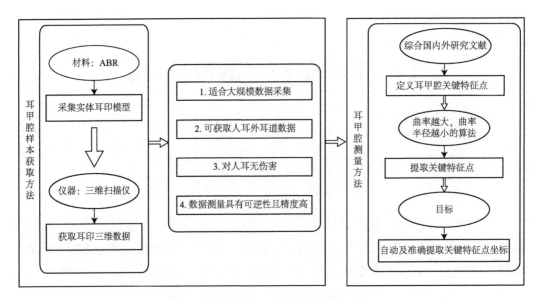

**图 3-1　耳甲腔样本采集与测量方法**

不同的测量方法有着各自的优缺点，但无论采用直接测量还是间接测量的方法，外耳关键特征点的准确标注与提取是数据测量与分析的基础[87,140]，现有研究均是在耳科医生等专业人员的指导下进行特征点的标注和特征距离的测量，人为经验的不同，必然会导致不确定的误差。在人体特征点自动提取方法研究领域中，金娟凤等[60] 提出的冒泡排序算法、吴壮志等[159] 提出的寻找轮廓曲率极值点算法、Zhong 等[160] 提出的基于人体特征点曲率半径的算法等，给本书的研究提供了思路。本章通过对耳甲腔关键特征点的完整定义，结合 NURBS 曲面曲率，构建了耳甲腔关键特征点三维坐标自动且准确提取的方法（图 3-1）。

## 3.2　耳甲腔曲面样本采集与数据处理

### 3.2.1　样本采集的对象

在样本数据采集之前，首先要确定样本容量，通常认为样本容量 $N \leqslant 30$ 时为小样本，$N > 30$ 时为大样本[75]。试验样本数量越多，则试验结果越具有代表性，但由于试验条件、经费等因素的限制，无法无限扩大试验样本量；而样本量过小，则会增大抽样误差，影响数据的可靠度。在人体测量相关研究中[161]，学者们通常依据样本容量计算式（3-1），来确定最小样本容量：

$$N = \left( \frac{t \times \alpha}{\Delta} \right)^2 \qquad (3-1)$$

式中，$N$ 为样本容量，$t$ 为样本呈正态分布时置信区间为 95% 时的概率，通常取值为 1.96，$\Delta$ 为样本各尺寸的容许误差，$\alpha$ 为各样本尺寸的标准差。

我国制定的成年人头面部尺寸国标 GB/T 2428—1998 中仅规定了耳廓整体长宽尺寸的标准差和最大容许误差，尚未建立成年人耳甲腔相关尺寸标准，因此只能以已有人耳相关研究文献的测量样本容量为参考，确定本书样本采集的数量。本书采集的对象由来自中国不同省份的 315 位、年龄为 18—28 岁的青年在校大学生组成，不包括中国台湾、香港、澳门地区的青年群体（世界卫生组织新确定的青年人年龄上限为 44 岁，本书主要研究的对象为 18—28 岁的在校青年学生，该研究对象是使用耳机数量大、频率及黏度较高的群体，因此本书中所指的"中国青年人"均为年龄段为 18—28 岁的青年在校学生）。其中女性 143 位，平均年龄为（21.34 ± 2.62）岁；男性 172 位，平均年龄为（20.27 ± 2.01）岁（《2015 年中国青年人口与发展统计报告》指出中国青年男性与女性的比例值约为 1.1，本书采集的样本中男性与女性的比例值约为 1.2）。采集样本不包括具有颅颌面外伤病史、先天性外耳缺损畸形、后天性外耳疾病引起的人耳畸形以及外耳整形整容手术等目标对象。

## 3.2.2　样本采集的方法

本书首先利用德国制造的医用 ABR 材料对耳甲腔实体模型进行采集。ABR 材料分为绿色或黄色的硅酮材料以及白色混合试剂两个部分，将其按等比例混合时会自行凝固。外耳实体耳印模型的具体采集过程如图 3-2 所示：（1）利用耳镜对外耳道进行检查，以确保耳朵无皮肤红肿、渗出、瘘口等疾病，否则停止采集，为保证采集的模型无限贴合采集对象的耳形态，同时需要对外耳道中的耵聍进行清理；（2）根据耳道口的宽窄程度，选择恰当尺寸的带线棉障，借助镊子工具将其放入外耳道的第二拐点处，其目的是防止模型采集的过程中伤害到人耳鼓膜；（3）各取 4 g ABR 材料，将其揉匀放入注射器中，缓慢从外耳道开始注射，直到整个外耳被填满；（4）5—8 min 后耳印模型凝固，将其缓慢取出；（5）检查耳印是否出现断层、不光滑等问题，如有则重新取模。本书共采集 172 位男性左耳印模型、143 位女性左耳印模型，以及上述 172 位男性中的 31 只右耳印模型、143 位女性中的 30 只右耳印模型，共计 376 只耳印模型。

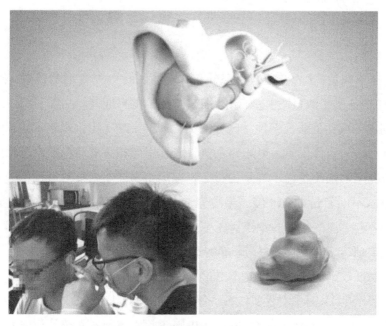

**图 3-2　外耳实体耳印模型采集**

**图 3-3　耳印三维扫描过程**

所有耳印模型采集完成后，利用桌面 Einscan-S 三维扫描仪（精度为 0.1 mm），结合 Shining 3D Scan V1.7.1 软件将其扫描成三维数据模型，具体过程如图 3-3 所示：（1）利用标定板对三维扫描仪进行校准；（2）将耳印模型放置在旋转台的中心，设置扫描精度为最高，照明亮度为中，扫描过程无须人为干涉，转台自动转动，扫描时间约为 3 min；（3）将扫描获取的点云数据存储为 txt 格式。

### 3.2.3　数据处理

采用三维扫描仪扫描耳印模型时，由于扫描环境、目标对象以及设备本身等因素的影响，采集的数据模型通常会产生噪点以及缺失点，该情况的存在将会影响本书后续的研究。因此，本书借助 Rhinoceros 5.0 软件中点云数据处理模块对耳印点云数据做去噪、修补以及光顺等预处理，进一步将点云数据转换为网格曲面。如图 3-4 所示，所获取的耳印数据模型顶点数大于 30 万，网格面数大于 60 万。

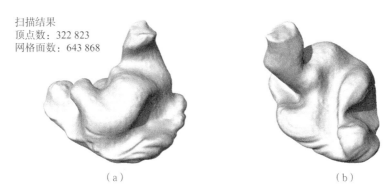

扫描结果
顶点数：322 823
网格面数：643 868

（a）　　　　　　　　　　　（b）

**图 3-4　耳印三维数据模型**

## 3.3　耳甲腔关键特征点定义与提取

### 3.3.1　耳甲腔关键特征点定义

图 3-5（a）为耳印模型的耳甲腔部分，由此可知入耳式耳机的形状与尺寸直接取决于耳甲腔的形状与尺寸[120]。综合国内外外耳相关医学研究文献[88-132,135-137]，本节确定耳甲腔的形状尺寸主要受 11 个关键特征点的影响［图 3-5（b）］，图 3-5（c）为耳甲腔各关键特征点在三维数据模型上的标注。11 个关键特征点分别为：$P_1$ 为耳前切迹点；$P_2$ 为耳屏最凸点；$P_3$ 为屏间切迹点；$P_4$ 为对耳屏最凸点；$P_5$ 为耳甲腔最后点；$P_6$ 为耳甲腔最凹点；$P_7$ 为耳道口中心点；$P_{7a}$ 和 $P_{7b}$ 分别为耳道口长轴起点和终点；$P_{7c}$ 和 $P_{7d}$ 分别为耳道口短轴起点和终点。

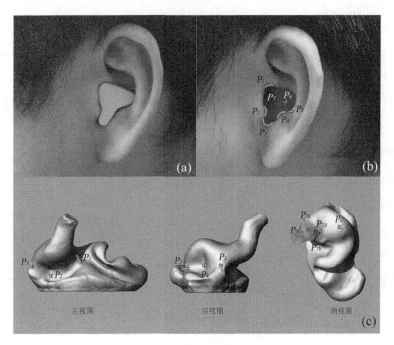

图 3-5　耳甲腔关键特征点

### 3.3.2　耳甲腔关键特征点提取

结合图 3-5 以及医学相关文献对关键特征点的命名与定义，可知耳甲腔关键特征点 $P_1$、$P_2$、$P_3$、$P_4$、$P_5$、$P_6$ 均在各自相关曲面区域曲率最大的位置。因此本节基于 NURBS 曲面曲率越大，则曲率半径越小的理论，通过对 Rhino-Script 脚本的二次开发，首先完成每一个模型 6 个特征点三维坐标值的准确提取，具体步骤如图 3-6 所示（以关键特征点 $P_4$ 为例）：

（1）提取耳印三维模型的点云数据［图 3-7（a）］，进一步提取特征点 $P_4$ 所在区域的点云数据［图 3-7（b）］；

（2）利用 Rhino-Resurf 软件将点云数据转化成 NURBS 曲面，确保重构误差小于 0.01 mm［图 3-7（c）］，网格化 NURBS 曲面并提取曲面所有网格点［图 3-7（d）］；

（3）通过编写 Rhino-Script 程序提取所有特征点的三维坐标值及 $U$ 方向的曲率半径 $R_1$ 和 $V$ 方向的曲率半径 $R_2$，保存为 txt 文件（图 3-8）；

（4）利用 VB 软件编写相关程序计算出步骤（3）每一个点的平均曲率半径 $R = (R_1 + R_2)/2$ 和高斯曲率半径 $R' = R_1 \times R_2$，当 $R$ 和 $R'$ 同时为最小值时，其所对应的三维坐标即为关键特征点 $P_4$ 的坐标；

（5）当 $R$（或 $R'$）出现多个相同最小值时，取 $R'$（或 $R$）最小值所对应的三维坐标值；

（6）重复步骤（1）—（5）提取其余特征点三维坐标值。

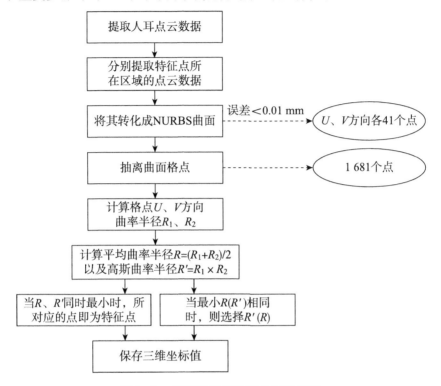

```
┌─────────────────────┐
│   提取人耳点云数据    │
└─────────────────────┘
           │
┌─────────────────────┐
│  分别提取特征点所     │
│  在区域的点云数据     │
└─────────────────────┘
           │
┌─────────────────────┐       误差<0.01 mm      ╭──────────────────╮
│  将其转化成NURBS曲面  │- - - - - - - - - - - ►│ U、V方向各41个点    │
└─────────────────────┘                        ╰──────────────────╯
           │
┌─────────────────────┐                        ╭──────────────────╮
│    抽离曲面格点       │- - - - - - - - - - - ►│    1 681个点       │
└─────────────────────┘                        ╰──────────────────╯
           │
┌─────────────────────┐
│  计算格点U、V方向      │
│  曲率半径R₁、R₂       │
└─────────────────────┘
           │
┌─────────────────────────────┐
│ 计算平均曲率半径R=(R₁+R₂)/2   │
│ 以及高斯曲率半径R'=R₁×R₂     │
└─────────────────────────────┘
      │                  │
┌──────────────┐   ┌──────────────┐
│当R、R'同时最小 │   │当最小R(R')相同 │
│时，所对应的点  │   │时，则选择R'(R) │
│即为特征点      │   │               │
└──────────────┘   └──────────────┘
      │                  │
      └────────┬─────────┘
         ┌──────────────┐
         │  保存三维坐标值 │
         └──────────────┘
```

**图 3-6　耳甲腔关键特征点提取步骤**

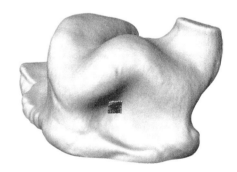

（a）提取耳甲腔所有点云数据　　　　　　　（b）提取特征点 $P_4$ 所在区域的点云数据

（c）将点云数据转换成 NURBS 曲面　　　　　　　（d）抽离曲面格点

图 3-7　耳甲腔关键特征点提取过程（以点 $P_4$ 为例）

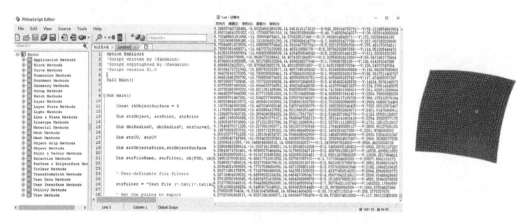

图 3-8　耳甲腔关键特征点提取程序及结果（以点 $P_4$ 为例）

根据国外学者 Yu 等[92,137]，Ahmad 等[162]，Egolf 等[114]，Alvord 等[163] 对耳道口具体位置的定义，本节采集了 5 组佩戴耳印模型的 CT 外耳数据模型，通过观察可发现所有采集样本耳道口边缘点 $G_1$、$G_2$、$G_3$ 均处在相关区域曲率最大的位置［图 3-9（a）和图 3-9（b）］，因此本节按照上述所编写的关键特征点提取程序对耳道口边缘点 $G_1$、$G_2$、$G_3$ 进行自动和准确提取。进一步，依次连接点 $G_1$、$G_2$、$G_3$ 得到平面 $P_{G_1 G_2 G_3}$，将平面 $P_{G_1 G_2 G_3}$ 转化成网格曲面（转化的原因是只有三角网格模型才能进行剪切或者布尔处理），然后将其与外耳三角网格模型进行布尔运算以求得耳道口的平面［图 3-9（c）］，在此基础上分别提取耳道口中心点 $P_7$、耳道口长轴、短轴、长轴起点与终点 $P_{7a}$ 和 $P_{7b}$、短轴起点与终点 $P_{7c}$ 和 $P_{7d}$［图 3-9（c）］。

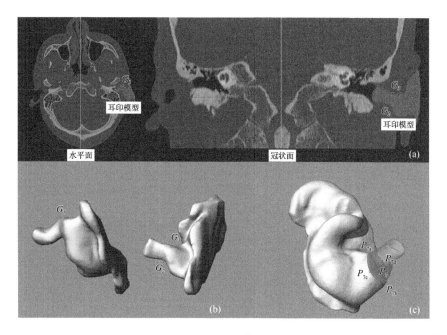

图 3-9　耳道口

## 3.4　耳甲腔关键特征尺寸统计分析

### 3.4.1　耳甲腔关键特征尺寸定义

本书依据所提取的耳甲腔 11 个关键特征点的三维坐标值对各样本的 10 个关键特征尺寸进行计算，分别为：

（1）耳屏总长度 $TL$，耳前切迹点 $P_1$ 到屏间切迹点 $P_3$ 的直线距离；

（2）耳屏长度 $TL1$，耳前切迹点 $P_1$ 到耳屏最凸点 $P_2$ 的直线距离；

（3）耳屏长度 $TL2$，耳屏最凸点 $P_2$ 到屏间切迹点 $P_3$ 的直线距离；

（4）对耳屏总长度 $ATL$，屏间切迹点 $P_3$ 到耳甲腔最后点 $P_5$ 的直线距离；

（5）对耳屏长度 $ATL1$，屏间切迹点 $P_3$ 到对耳屏最凸点 $P_4$ 的直线距离；

（6）对耳屏长度 $ATL2$，对耳屏最凸点 $P_4$ 到耳甲腔最后点 $P_5$ 的直线距离；

（7）耳甲腔宽度 $CW$，耳前切迹点 $P_1$ 到耳甲腔最后点 $P_5$ 的直线距离；

（8）耳甲腔深度 $CD$，耳甲腔最凹点 $P_6$ 到平面 $P_1P_3P_5$ 的垂直距离；

（9）耳道口长度 $H_{ECO}$，耳道口长轴起点 $P_{7a}$ 到耳道口长轴终点 $P_{7b}$ 的直线距离；

（10）耳道口宽度 $W_{ECO}$，耳道口短轴起点 $P_{7c}$ 到耳道口短轴终点 $P_{7d}$ 的直线距离。

### 3.4.2 耳甲腔特征尺寸数据预处理

数据预处理包括数据缺失值检查、奇异值检查以及数据的正态分布检验。统计学中解决缺失值的方法主要有以下四种：（1）对目标对象相关缺失尺寸重新进行测量；（2）用该变量的所有非缺失值的均数替代；（3）用缺失值相邻点的非缺失值的均数、中位数或中点数替代；（4）用线性拟合的方式来确定替代值[164]。由于本书构建的耳甲腔特征尺寸测量方法具有可逆性，因此只需要对存在缺失值的样本进行补充测量即可。

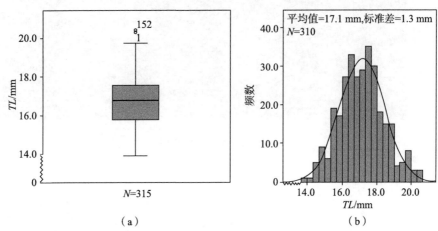

（a）                （b）

**图 3-10  奇异值检验以及正态分布直方图（以 *TL* 为例）**

所获数据必须进行奇异值检测，过大或过小的数据均有可能是奇异值或错误数据，当某一样本 10 个特征尺寸中的任意一个尺寸出现奇异值时，则直接删除该样本。如图 3-10（a）所示，本书通过箱线图对 315 个样本的耳甲腔总长度 *TL* 进行分析，可直观发现样本编号为 1 和 152 的 *TL* 值为奇异值。本书对所有测量尺寸的奇异值进行检测与删除后，最终确定左耳甲腔样本个数为 310（169 位男性，141 位女性），右耳甲腔样本个数为 60（男性与女性各 30 位）。

正态分布检验可以验证采集数据是否具有代表性及统计学意义，以确保相关分析之前数据类型呈正态分布。通常数据正态分布检验的方法有单样本 K-S 检验（Kolmogorov-Smirnov）、Q-Q 概率图检验以及直方图检验[165]。如表 3-1 所示，本书通过 K-S 检验求得所有特征尺寸渐进显著性的值均大于 0.05，这表明 310 个样本的 11 个特征尺寸均符合正态分布。图 3-10（b）为 *TL* 值的正态分布直方图，从图中可直观看出其基本服从正态分布。

表 3-1 单样本 K-S 检验

| | | TL | TL1 | TL2 | ATL | ATL1 | ATL2 | CW | CD | $H_{ECO}$ | $W_{ECO}$ |
|---|---|---|---|---|---|---|---|---|---|---|---|
| 人数 | | 310 | 310 | 310 | 310 | 310 | 310 | 310 | 310 | 310 | 310 |
| 正态参数 | 平均值 / mm | 17.1 | 10.2 | 8.8 | 16.0 | 11.7 | 4.8 | 16.5 | 9.9 | 9.7 | 7.5 |
| | 标准偏差 / mm | 1.3 | 1.2 | 1.2 | 1.4 | 1.4 | 1.2 | 1.6 | 1.0 | 1.0 | 1.0 |
| 最极端差异 | 绝对值 / mm | 0.035 | 0.040 | 0.030 | 0.056 | 0.039 | 0.040 | 0.047 | 0.034 | 0.030 | 0.028 |
| | 正 /mm | 0.035 | 0.020 | 0.030 | 0.056 | 0.039 | 0.040 | 0.025 | 0.023 | 0.029 | 0.027 |
| | 负 /mm | -0.023 | -0.040 | -0.024 | -0.031 | -0.023 | -0.028 | -0.047 | -0.034 | -0.030 | -0.028 |
| K-S Z 值 | | 0.035 | 0.040 | 0.030 | 0.056 | 0.039 | 0.040 | 0.047 | 0.034 | 0.030 | 0.028 |
| 渐进显著性（双侧） | | 0.200 | 0.200 | 0.200 | 0.019 | 0.200 | 0.200 | 0.200 | 0.200 | 0.200 | 0.200 |

### 3.4.3 耳甲腔特征尺寸数理统计分析

在左右耳差异及对称性研究中，Farkas 等[166]指出儿童左右外耳之间存在不对称性，但到成年以后逐渐趋于对称；Jung[94]指出韩国青年人右侧外耳相关尺寸大于左侧；Barut 等[112]指出土耳其儿童左侧外耳显著性大于右侧。与之相反，Alexander 等[108]和 Sforza 等[106]分别指出英国和意大利成年人左右外耳之间具有较强的对称性；Liu[93]通过相关性分析同样指出左右外耳尺寸之间存在较强的相关性，其中耳廓长度的相关性系数达到 0.962。

分别选择 30 位男性左右耳甲腔特征尺寸与 30 位女性左右耳甲腔特征尺寸，利用 SPSS 软件对其进行相关系数分析和配对样本 t- 检验，结果见表 3-2。由表可知男性左右耳甲腔尺寸之间与女性左右耳甲腔尺寸之间存在较强的相关性，相关性系数均大于 0.85，其中男性 CD 尺寸的相关性系数达到 0.952，女性 TL 尺寸的相关性系数达到 0.962。尽管外耳尺寸之间存在较强的相关性，但人体任何部位均不会完全对称与相同[166]，表 3-2 表明男性以及女性左右耳甲腔对应尺寸之间均存在差异（$p \leqslant 0.05$），其中男性右耳甲腔尺寸 TL，TL1，ATL，ATL1，CW，$H_{ECO}$，$W_{ECO}$ 大于左耳对应尺寸，左耳尺寸 TL2，ATL2，CD 大于右耳对应尺寸；女性右耳尺寸 TL，TL2，ATL，ATL2，CW，$H_{ECO}$，$W_{ECO}$ 大于左耳对应尺寸，左耳尺寸 TL1，ATL1，CD 大于右耳对应尺寸。虽然各对应尺寸之间存在差异，但其平均差的绝对值最大仅为 0.587 mm，因此本书在后续的研究中仅以左耳作为研究对象。

表 3-2　男性、女性左右耳甲腔尺寸配对样本 $t$ 检验

| 变量 | 男性（左 - 右） | | | | | 女性（左 - 右） | | | | |
|---|---|---|---|---|---|---|---|---|---|---|
| | 平均差 /mm | 标准误差 /mm | $t$ 值 | *$p$ 值 | 相关性 | 平均差 /mm | 标准误差 /mm | $t$ 值 | *$p$ 值 | 相关性 |
| $TL$ | −0.302 | 0.208 | −3.490 | 0.000 | 0.937 | −0.392 | 0.150 | −4.614 | 0.000 | 0.962 |
| $TL1$ | −0.542 | 0.241 | −1.750 | 0.000 | 0.943 | 0.152 | 0.152 | 1.046 | 0.000 | 0.909 |
| $TL2$ | 0.327 | 0.233 | 2.661 | 0.005 | 0.942 | −0.231 | 0.160 | −3.884 | 0.001 | 0.956 |
| $ATL$ | −0.270 | 0.250 | −4.279 | 0.035 | 0.913 | −0.187 | 0.215 | −1.820 | 0.018 | 0.897 |
| $ATL1$ | −0.587 | 0.350 | −1.679 | 0.012 | 0.870 | 0.144 | 0.263 | 1.760 | 0.005 | 0.873 |
| $ATL2$ | 0.303 | 0.278 | 1.282 | 0.018 | 0.891 | −0.283 | 0.248 | −1.325 | 0.003 | 0.913 |
| $CW$ | −0.221 | 0.253 | −3.634 | 0.034 | 0.907 | −0.268 | 0.213 | −2.495 | 0.017 | 0.944 |
| $CD$ | 0.362 | 0.177 | 0.306 | 0.000 | 0.952 | 0.121 | 0.153 | 0.267 | 0.000 | 0.936 |
| $H_{ECO}$ | −0.108 | 0.234 | −2.462 | 0.003 | 0.873 | −0.252 | 0.104 | −2.429 | 0.002 | 0.876 |
| $W_{ECO}$ | −0.240 | 0.192 | −1.302 | 0.025 | 0.875 | −0.272 | 0.129 | −0.842 | 0.005 | 0.894 |

注：*$p$ 值 < 0.05 代表具有显著性。

表 3-3　310 位样本特征尺寸的描述统计分析

| | $TL$ | $TL1$ | $TL2$ | $ATL$ | $ATL1$ | $ATL2$ | $CW$ | $CD$ | $H_{ECO}$ | $W_{ECO}$ |
|---|---|---|---|---|---|---|---|---|---|---|
| 人数 | 310 | 310 | 310 | 310 | 310 | 310 | 310 | 310 | 310 | 310 |
| 最小值 /mm | 13.9 | 6.9 | 5.7 | 12.6 | 8.5 | 1.5 | 12.1 | 7.4 | 5.1 | 4.3 |
| 最大值 /mm | 20.6 | 12.9 | 11.8 | 19.7 | 15.6 | 8.1 | 20.6 | 12.7 | 12.6 | 10.8 |
| 平均值 /mm | 17.1 | 10.2 | 8.8 | 16.0 | 11.7 | 4.8 | 16.5 | 9.9 | 9.7 | 7.5 |
| 标准偏差 /mm | 1.3 | 1.2 | 1.2 | 1.4 | 1.4 | 1.2 | 1.6 | 1.0 | 1.0 | 1.0 |

　　如表 3-3 所示，对所有样本耳甲腔 10 个关键特征尺寸进行描述性统计分析（不区分性别），可以得出个体耳甲腔各对应尺寸之间存在显著性差异，如：$TL_{max}$ 与 $TL_{min}$ 的差值为 6.7 mm，$ATL_{max}$ 与 $ATL_{min}$ 的差值为 7.1 mm，$CW_{max}$ 与 $CW_{min}$ 的差值为 8.5 mm。如表 3-4 所示，分别对男性、女性的耳甲腔关键特征尺寸进行描述性统计分析以及独立样本 $t$ 检验（区分性别），结果显示男性、女性耳甲腔关键尺寸之间均存在显著性差异，且男性各尺寸均大于女性。如：男性、女性 $TL_{max}$ 与 $TL_{min}$ 的差值分别为 5.9 mm、5.8 mm，$ATL_{max}$ 与 $ATL_{min}$ 的差值分别为 6.9 mm、5.7 mm，$CW_{max}$ 与 $CW_{min}$ 的差值均为 6.9 mm。图 3-11 分别描述了各样本关键特征尺寸及其均值的分布范围，可直观表达各耳甲腔关键特征尺寸与其均值的差异。由此可见，依据耳甲腔平均尺寸仅设计生产一款型号的耳机无法满足用户佩戴耳机舒适性的需求，对耳甲腔形状进行分析分类为设计不同形状和尺寸耳机提供依据十分必要。

表 3-4　男性、女性特征尺寸描述性统计分析及独立样本 $t$- 检验

| 变量 | 男性 | | | | 女性 | | | | 独立样本 $t$- 检验 | |
| --- | --- | --- | --- | --- | --- | --- | --- | --- | --- | --- |
| | 平均差 /mm | 标准偏差 /mm | 最小值 /mm | 最大值 /mm | 平均差 /mm | 标准偏差 /mm | 最小值 /mm | 最大值 /mm | $t$ 值 | *$p$ 值 |
| $TL$ | 17.5 | 1.21 | 14.7 | 20.6 | 16.6 | 1.21 | 13.9 | 19.7 | 6.562 | 0.000 |
| $TL1$ | 10.4 | 1.09 | 7.4 | 12.9 | 9.9 | 1.20 | 6.9 | 12.8 | 4.189 | 0.000 |
| $TL2$ | 9.1 | 1.07 | 6.4 | 11.8 | 8.4 | 1.15 | 5.7 | 11.4 | 5.808 | 0.000 |
| $ATL$ | 16.4 | 1.41 | 12.8 | 19.7 | 15.4 | 1.06 | 12.6 | 18.3 | 7.222 | 0.000 |
| $ATL1$ | 11.9 | 1.42 | 8.6 | 15.6 | 11.4 | 1.21 | 8.5 | 14.3 | 3.322 | 0.001 |
| $ATL2$ | 5.1 | 1.08 | 2.2 | 8.1 | 4.5 | 1.17 | 1.5 | 7.2 | 4.410 | 0.000 |
| $CW$ | 17.0 | 1.34 | 13.7 | 20.6 | 15.7 | 1.53 | 12.1 | 19.0 | 7.889 | 0.000 |
| $CD$ | 10.2 | 0.93 | 7.9 | 12.7 | 9.6 | 0.94 | 7.4 | 11.8 | 5.065 | 0.002 |
| $H_{ECO}$ | 9.8 | 1.06 | 5.1 | 12.1 | 9.5 | 0.91 | 6.8 | 12.6 | 3.132 | 0.002 |
| $W_{ECO}$ | 7.7 | 1.10 | 4.4 | 10.8 | 7.1 | 0.86 | 4.3 | 9.3 | 5.336 | 0.000 |

注：*$p$ 值＜0.05 代表具有显著性。

表 3-5　中国青年人耳甲腔相关尺寸与国外青年人耳腔尺寸对比

单位：mm

| 文献 | 测量尺寸 | 国家或地区 | 左（男性） | 右（男性） | 左（女性） | 右（女性） |
| --- | --- | --- | --- | --- | --- | --- |
| Ahmed 等 (2015)[97] | $CW$ | 苏丹 | 18.95±1.87 | 18.67±2.10 | 17.96±1.71 | 17.60±1.69 |
| Purkait 等 (2007)[101] | $CW$ | 印度中部 | 18.8±2.0 | 18.7±2.0 | — | — |
| Present study | $CW$ | 中国大陆 | 17.04±1.34 | — | 15.69±1.53 | — |
| Purkait (2013)[102] | $CD$ | 印度西北部 | — | 15.7±0.8 | — | 15.7±0.8 |
| Present study | $CD$ | 中国大陆 | 10.19±0.93 | — | 9.65±0.94 | — |
| Purkait (2013)[102] | $TL$ | 印度西北部 | 16.5±0.9 | 16.6±1.3 | — | — |
| Jung （2003） [94] | $TL$ | 韩国 | 16.3±0.23 | — | 14.6±0.20 | — |
| Present study | $TL$ | 中国大陆 | 17.55±1.21 | — | 16.64±1.21 | — |
| Yu 等 (2015)[137] | $H_{ECO}$ | 中国台湾 | 9.6 | 9.6 | 9.1 | 9.2 |
| Present study | $H_{ECO}$ | 中国大陆 | 9.82±1.06 | — | 9.46±0.91 | — |
| Yu 等 (2015)[137] | $W_{ECO}$ | 中国台湾 | 6.8 | 6.7 | 6.3 | 6.3 |
| Present study | $W_{ECO}$ | 中国大陆 | 7.74±1.10 | — | 7.14±0.86 | — |

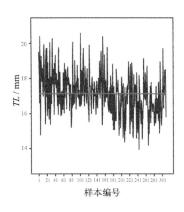

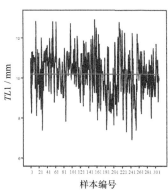

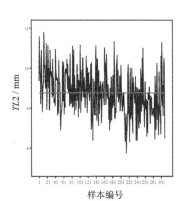

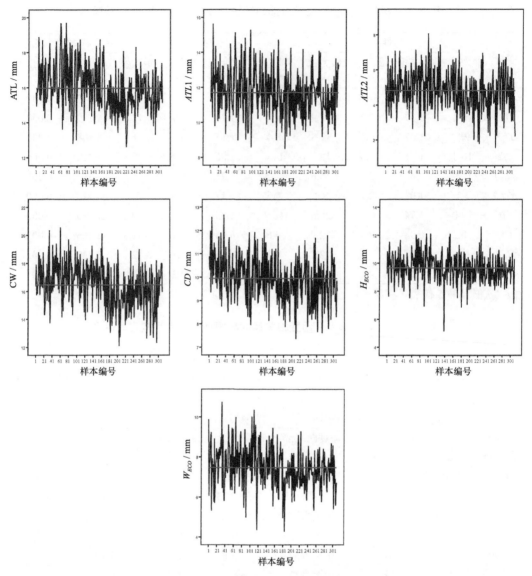

**图 3-11　耳甲腔特征尺寸及其均值的分布范围**

国内外与外耳相关的文献中研究对象主要集中为外耳廓整体形状尺寸，虽然耳甲腔是外耳的重要组成部分，但目前尚无文献对耳甲腔的形状尺寸进行系统性研究，可查阅到的文献中仅有耳甲腔宽度 $CW$，耳甲腔深度 $CD$，耳屏长度 $TL$ 以及耳道口长度 $H_{ECO}$ 和宽度 $W_{ECO}$。表 3-5 通过对比国内外相同年龄阶段的耳甲腔相关尺寸发现：中国青年男性及女性的耳甲腔宽度 $CW$ 均小于苏丹 [97] 以及印度中部 [101] 青年男性及女性的耳甲腔宽度，中国青年男性耳甲腔宽度大于女性的分析结果与 Ahmed 等 [97] 的研究结果一致；中国青年男性及女性耳甲腔深度 $CD$ 明显小于印度西北部青年男性及女性的耳甲腔深度；中国青年男性及女性的耳屏长度 $TL$ 均大于韩国 [94]、印度西北部 [102]

相同年龄阶段的男性及女性的耳屏长度；中国大陆青年男性和女性的左耳道口的长度 $H_{ECO}$ 及宽度 $W_{ECO}$ 均大于中国台湾[137]相同年龄阶段男性及女性的尺寸。

数据统计分析结果表明：（1）无论男性、女性其左右耳甲腔相关对应尺寸之间均存在较强的相关性（相关系数范围为 0.870—0.962），左右耳甲腔对应尺寸之间存在差异但差值较小（差异范围为 0.108—0.587 mm）；（2）中国青年个体耳甲腔尺寸之间存在显著性差异，男性相关尺寸均大于女性，因此仅设计生产一款耳机无法满足绝大多数用户的佩戴需求，对中国青年人耳甲腔形态尺寸进行分析分类为耳机产品提供形态尺寸设计依据十分必要；（3）中国青年人耳甲腔相关尺寸与国外相同年龄阶段的人耳甲腔尺寸之间存在显著性差异，针对中国青年人耳甲腔设计的相关产品尺寸标准不能依据国外的测量数据，构建中国人耳甲腔形状尺寸数据库十分重要。

## 3.5　本章小结

首先，本章提出了结合耳甲腔复杂样本曲面采集与关键特征点自动和准确提取的耳甲腔形状尺寸测量方法。基于此采集了年龄为 18—28 岁的 169 位中国青年男性、141 位中国青年女性的左耳甲腔以及男女各 30 位右耳甲腔三维数据模型（不包含删除的样本模型）；其次，依据 NURBS 曲面曲率理论，通过 Rhino-Script 的开发，实现对耳甲腔 11 个关键特征点三维坐标的自动和准确提取；再次，依据关键特征点坐标值计算获取每一个样本的 10 个关键特征尺寸，通过缺失值检查、箱图奇异值检查以及 K-S 正态分布检验对数据进行预处理与分析，结果表明采集样本数据具有统计学意义；最后，通过配对样本 $t$- 检验、描述性统计分析、独立样本 $t$- 检验等数理统计方法，对该年龄阶段的中国青年人左右耳甲腔相关尺寸的差异性、耳甲腔相关尺寸的个体性别差异、中国青年人耳甲腔与国外青年人耳甲腔相关尺寸的差异性进行了分析，指出所采集样本的耳甲腔形状尺寸之间存在显著性差异，针对该年龄阶段中国青年人耳甲腔设计的相关产品尺寸标准不能依据国外的测量数据，必须对耳甲腔形状尺寸进行分析分类，构建该人群耳甲腔形状尺寸模型库。

# 第四章

# 复杂曲面型值点提取及耳甲腔曲面重构

由于耳甲腔曲面形态的复杂性，单纯依据有限特征尺寸对其进行分类的结果，往往不能表征样本曲面形态的差异性。为实现依据耳甲腔曲面型值点对耳甲腔曲面形态进行分类的目标，需要将样本中由不同数量点云构成的三角网格曲面均重构成具有相同拓扑结构的曲面。基于此，本章首先提出了获取复杂曲面型值点的"双向一阶轮廓线重构"法，从由不同数量点云构成的耳甲腔三角网格曲面中提取得到数量、性质相同的数据点；进一步基于 NURBS 曲面插值的方法求解得到耳甲腔重构曲面；最后对重构曲面的品质进行分析检验，以验证本章构建的耳甲腔曲面重构方法的可行性与可靠性。

## 4.1　耳甲腔曲面重构的目的与方法

本书主要研究外耳的耳甲腔部分，在第五章将提出针对耳甲腔曲面形态分类的改进层级聚类算法，以构建针对入耳式耳机定制设计的中国青年人耳甲腔曲面形态模型库，该算法需要在统一坐标系下，计算每一样本耳甲腔曲面中对应型值点之间的距离，并以此来评估各样本曲面间的相似程度（图 4-1）。而第三章中利用三维扫描技术获取的每一外耳三维数据模型均为由不同数量点云构建而成的三角网格曲面，同时每一样本模型均在不同坐标系下，且各样本模型中数据点与数据点之间的对应关系不确定。因此本章需要在统一坐标系下找到各样本间耳甲腔曲面数据点之间的配对关系，构建具有相同拓扑结构的耳甲腔曲面模型，即任意曲面均有相同数量的数据点构建而成，同时样本曲面 $S_1$ 中的点 $p_i$ $(i=1,2,\cdots,n)$ 与样本 $S_2$ 中的点 $p_i$ 具有相同的性质（图 4-1）。该过程在逆向工程领域称为点云配准过程。

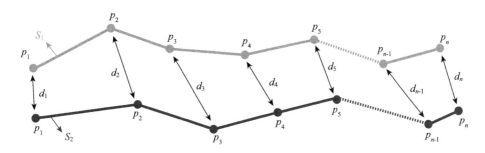

图 4-1　样本 $S_1$ 和 $S_2$ 中对应点之间的距离

迭代最近点算法（Iterative Closest Point，ICP）是较为常用的点云数据配准方法，是由 Besl 和 Mckay 于 1992 年首先提出的[167]。该算法以两组点云数据中的最近点为近似对应点来计算点云间的刚性变换参数 $R$ 和 $T$，并将两个点云按此变换进行配准，然后利用迭代方法重复配准过程，直到满足配准收敛的准则为止，其在本质上为基于最小二乘法的最优匹配方法[168]。假设三维空间坐标点云数据集合为 $P=\{p_i \,|p_i \in \mathbf{R}^3, i=1,2,\cdots,n\}$，目标点云数据集合为 $Q=\{q_i \,|q_i \in \mathbf{R}^3, i=1,2,\cdots,m\}$，算法的迭代次数为 $k$，$P$ 经过 $k$ 次迭代后得到的点云数据集合为 $P_k$，旋转矩阵和平移向量分别为 $\mathbf{R}_k$ 和 $\mathbf{T}_k$，对应点之间的估计误差为 $d_k$，则该算法的基本流程为[168]：

（1）首先令 $p_0 = 0$，$\mathbf{R}_0 = \mathbf{I}_{3\times3}$，$\mathbf{T}_0 = \mathbf{0}$，$k=0$，其中 $\mathbf{I}_{3\times3}$ 为三阶矩阵列；

（2）为数据点集 $P_k$ 中的每一点在 $Q$ 中寻找到对应的最近点，则形成对应的最近点集，记为 $D_k$；

（3）依据最小二乘法计算 $D_k$ 中最近点之间具有最小二乘意义的配准参数 $\mathbf{R}_k$ 和 $\mathbf{T}_k$，同时求得估计误差 $d_k$：

$$d_k = \frac{1}{n}\sum_{i=1}^{n}\left\| \mathbf{D}_{k,i} - \mathbf{R}_k \mathbf{P}_{k,i} - \mathbf{T}_k \right\|^2 \qquad (4\text{-}1)$$

式中，$D_{k,i}$ 和 $P_{k,i}$ 分别为对应最近点集 $D_k$ 和 $P_k$ 中的第 $i$ 对对应点。

（4）将变换参数 $\mathbf{R}_k$ 和 $\mathbf{T}_k$ 作用到点集 $P_k$ 上，计算得到新点集 $P_{k+1}$：

$$P_{k+1,i} = \mathbf{R}_k \mathbf{P}_{k,i} + \mathbf{T}_k \qquad (4\text{-}2)$$

（5）对新点集 $P_{k+1}$ 重复步骤（2）—（4），当 $d_k$ 小于设定的阈值 $\tau$ 时，停止迭代过程，否则返回步骤（2）。

Ellena 等人依据 ICP 算法对各样本头部曲面中的点云数据进行配准，构建了统一坐标系下各头部曲面中点云数据的配对关系，并将其应用于澳大利亚人头部曲面形态分类[68]。Ellena 等[70] 和王瑞岩[168]指出 ICP 算法的核心是从点云中寻找到最佳的最近点作为近似对应点，但 ICP 算法将欧式距离作为最近点的选取标准，在点云中仅依靠点与点的欧式距离寻找最近点并不能确保两个点集中最短距离所对应的点就是合理的近似对应点或相同性质的点。如图 4-2 所示，点集 $P$ 中的点 $p_3$ 所配对的点为点集 $Q$ 中的点 $q_2$，而不是点 $q_3$，该问题的出现将会直接影响人头部曲面分类的结果。

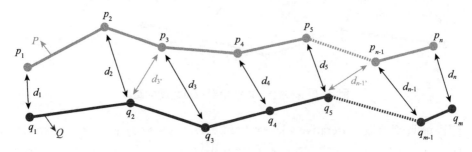

**图 4-2 点集配准中最短距离度量示例**[68]

为实现各耳甲腔样本曲面中数据点的准确配准，构建具有相同拓扑结构的耳甲腔曲面模型，为第五章构建基于型值点的耳甲腔曲面形态分类方法奠定数据基础，本章建立了复杂曲面型值点提取以及基于 NURBS 曲面插值的耳甲腔曲面重构方法（图4-3）：首先按照统一标准对所有样本模型进行整体移动和旋转，使得各样本模型均在统一坐标系下；其次构建基于"双向一阶轮廓线重构"的复杂曲面型值点获取方法，依据该方法可从由不同数量点云构成的耳甲腔三角网格曲面中提取得到数量以及性质相同的数据点；然后以此数据点为型值点，利用 NURBS 曲面插值的方法计算得到耳甲腔重构曲面；最后对重构曲面与原始点云数据的误差、重构曲面的连续性及光顺度进行分析，以确保重构曲面保持原始耳甲腔曲面特征。

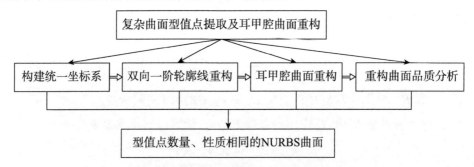

**图 4-3 复杂曲面型值点提取及耳甲腔曲面重构的方法**

## 4.2　耳甲腔曲面型值点提取的新方法

### 4.2.1　构建统一坐标系

本书第三章获取的外耳三维数据模型均在相对坐标系下，因此需要按照统一标准对外耳三维数据模型进行对齐操作，使得各三维模型均在统一坐标系下。对各外耳三维数据模型对齐操作的过程即为移动和旋转的过程，平移过程是指对原始点集三维坐标进行统一加减操作，旋转过程是指原始点集三维坐标与某一正交单位矩阵相乘，因此该过程用矩阵形式可表述为：

$$C_r = C T_{x,y,z} R_x R_y R_z \tag{4-3}$$

式中，$C_r$ 是平移旋转后的外耳三维模型；$C$ 是原始外耳三维模型；$T_{x,y,z}$ 矩阵表示将原始外耳三维模型沿 $x$（或 $y$，或 $z$）坐标轴移动，偏移量为 $d_x$（或 $d_y$，或 $d_z$）；矩阵 $R_x$ 表示将原始三维模型绕 $x$ 坐标轴旋转，旋转角度为 $\alpha$；矩阵 $R_y$ 表示将原始三维模型绕 $y$ 坐标轴旋转，旋转角度为 $\beta$；矩阵 $R_z$ 表示将原始三维模型绕 $z$ 坐标轴旋转，旋转角度为 $\gamma$。

$$T_{x,y,z} = \begin{bmatrix} 1 & 0 & 0 & 0 \\ 0 & 1 & 0 & 0 \\ 0 & 0 & 1 & 0 \\ d_x & d_y & d_z & 1 \end{bmatrix} \tag{4-4}$$

$$R_x = \begin{bmatrix} 1 & 0 & 0 & 0 \\ 0 & \cos\alpha & \sin\alpha & 0 \\ 0 & -\sin\alpha & \cos\alpha & 0 \\ 0 & 0 & 0 & 1 \end{bmatrix} \tag{4-5}$$

$$R_y = \begin{bmatrix} \cos\beta & 0 & \sin\beta & 0 \\ 0 & 1 & 0 & 0 \\ -\sin\beta & 0 & \cos\beta & 0 \\ 0 & 0 & 0 & 1 \end{bmatrix} \tag{4-6}$$

$$R_z = \begin{bmatrix} \cos\gamma & \sin\gamma & 0 & 0 \\ -\sin\gamma & \cos\gamma & 0 & 0 \\ 0 & 0 & 1 & 0 \\ 0 & 0 & 0 & 1 \end{bmatrix} \tag{4-7}$$

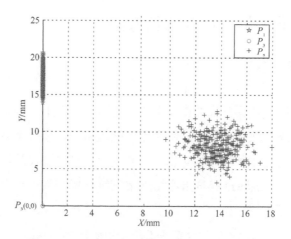

**图 4-4    坐标转换后的 310 个样本关键特征点 $P_1$、$P_3$、$P_5$ 分布图**

将第三章中提取的各耳甲腔关键特征点 $P_1$、$P_3$、$P_5$ 的三维坐标分别转换为（0，$P_{1,y}^i$，0）、（0，0，0）、（$P_{5,x}^i$，$P_{5,y}^i$，0），其中 $P_{1,y}^i$ 为第 $i$ 个样本的关键特征点 $P_1$ 的 $y$ 坐标值，$P_{5,x}^i$ 为第 $i$ 个样本的关键特征点 $P_5$ 的 $x$ 坐标值，$P_{5,y}^i$ 为第 $i$ 个样本的关键特征点 $P_5$ 的 $y$ 坐标值（$i$=1,2,…,310）。图 4-4 为坐标转换后的所有样本关键特征点 $P_1$、$P_3$、$P_5$ 的分布情况，以此为统一标准，根据式（4-3）对 Rhinoceros 5.0 软件进行二次开发，实现自动对每一个外耳三维模型进行整体平移和旋转操作，使得各外耳三维模型均在统一坐标系下。对于任意一个外耳三维模型而言，当其原始关键特征点 $P_1$、$P_3$、$P_5$ 的坐标与其转换后的坐标相互重合时，则代表平移旋转操作完成。图 4-5 为统一坐标系下两个外耳三维模型的分布情况，各自关键特征点 $P_3$ 均位于坐标原点上，$P_1$ 均位于 $Y$ 轴上，$P_5$ 均位于 $XY$ 平面上。

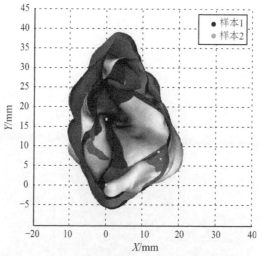

**图 4-5    统一坐标系下两个外耳三维模型分布图**

## 4.2.2　曲面型值点提取的"双向一阶轮廓线重构"法

本书采集的样本均为外耳三维模型，需要从外耳三维模型中提取出耳甲腔网格曲面部分。图 4-6（a）为耳甲腔 11 个关键特征点在外耳三维模型中的分布位置，分别根据各样本三维模型关键特征点的分布位置，利用 Rhinoceros 5.0 中的 Polylineonmesh 命令，通过编写 Rhino-Script 程序，完成对 310 个样本的耳甲腔特征轮廓曲线自动提取［图 4-6（b）］，对于每一个样本三维模型而言，基于该方法获取的轮廓线具有唯一性。

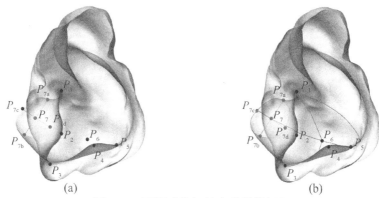

图 4-6　耳甲腔特征轮廓曲线的提取

每一个样本耳甲腔三维模型均是由不同数量点云构成的三角网格曲面，因此无法依据曲面中的数据点对各样本耳甲腔曲面间的形态差异进行统计分析。为将所有样本模型均构建为具有相同拓扑结构的耳甲腔曲面模型，本书提出基于"双向一阶轮廓线重构"的耳甲腔曲面型值点获取方法，该方法的基本思路是先用关键特征点构造某一方向（曲面的 $U$ 方向或 $V$ 方向）的若干轮廓线，再将这些轮廓线进行一阶重构，得到每条轮廓线上相同数量的点，然后由各轮廓线上的对应点生成另一方向（曲面的 $V$ 方向或 $U$ 方向）的若干轮廓线，最后将这些轮廓线进行一阶重构，得到这个方向每条轮廓线上相同数量的点。具体实现步骤如下（图 4-10）：

（1）依次对每一条特征轮廓曲线进行重构，将其分别重构为点数为 11、15、20 的一阶 NURBS 曲线［图 4-7（a）］，重构成一阶曲线是为确保重构曲线的控制点在三维模型表面上（此时曲线的控制点即为曲线的型值点）。若转化成大于一阶的曲线，控制点会偏离三维模型的表面。耳甲腔特征轮廓曲线重构的标准为最大偏差值均小于 0.1 mm。

（2）抽离每一条重构曲线的型值点，删除重复的点后共有 138 个型值点，对其进行编号排序，进一步运用 Polylineonmesh 命令，通过规定的两点或三点绘制生成出耳甲腔三维模型上更多的特征曲线，共计 53 根曲线，如图 4-7（b）所示。

（3）统一步骤（2）中 53 条特征曲线的法线方向，如图 4-8（a）所示，所有特征曲线均是以耳道口边缘上的点为起点，以耳甲腔外轮廓边缘上的点为终点。

（4）将 53 条特征曲线均转化成点数为 15 的一阶 NURBS 曲线，图 4-9 为所有特征曲线重构后的误差分析，其最大差值为 0.076 mm。进一步按照步骤（3）中特征曲线的排序依次抽离出每一条曲线的 15 个型值点，则共有（15×53）个型值点，如图 4-8（b）所示。最后，将 795 个型值点的三维坐标数据保存为 txt 文档。

（5）按照步骤（1）到（4）耳甲腔曲面型值点提取的逻辑，通过对 Rhino-Script 程序的二次开发，完成剩余样本模型 795 个型值点的自动提取与存储。

在步骤（3）和（4）中，统一各特征曲线的法线方向、编号排序特征曲线以及依次提取特征曲线控制点，是为确保各样本间的 795 个型值点的三维坐标值在 txt 文档中每一行能够一一对应，以方便下文执行层级聚类算法过程中数据的调用。

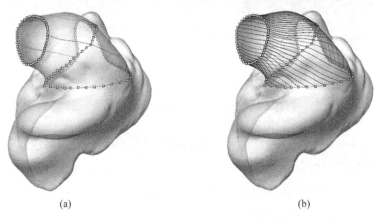

(a)　　　　　　　　　　　　　　(b)

图 4-7　耳甲腔曲面中特征轮廓曲线和特征曲线的提取

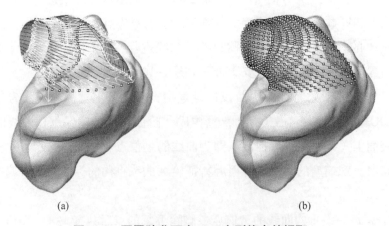

(a)　　　　　　　　　　　　　　(b)

图 4-8　耳甲腔曲面中 795 个型值点的提取

0.076 mm
28.93%
0.021 4 mm
28.93%
0.007 91 mm
42.14%
0 mm

图 4-9　耳甲腔特征曲线重构误差分析

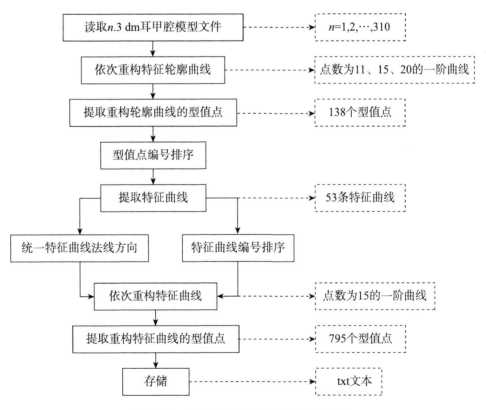

图 4-10　耳甲腔曲面型值点提取的步骤

## 4.3 耳甲腔曲面重构

### 4.3.1 基于 NURBS 曲面插值的耳甲腔曲面重构

4.2.2 节已获取各耳甲腔模型的 795 个型值点（图 4-11），则基于 NURBS 曲面插值的耳甲腔曲面重构的具体实现流程如下（图 4-12）：

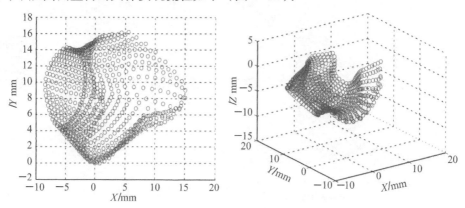

**图 4-11　耳甲腔曲面中 795 个数据点分布图**

（1）参数化型值点：型值点参数化处理的方法通常有累积弦长参数法、均匀参数法、修正参数法以及向心参数法等。其中累积弦长参数法是较为常用的节点矢量计算方法，基于该方法可使每一个节点区间长度与对应曲面上的两点之间的弦长对应起来，如实反映了型值点按弦长的分布情况，可避免型值点分布不均匀的情况下采用均匀参数法所出现的误差，保证重构后的曲面具有较好的光顺性[21]。本节利用累积弦长参数法对型值点进行参数化处理：

$$
\begin{cases}
t_0 = t_1 = t_2 = t_3 = 0 \\
t_4 = \dfrac{P_{1,j}P_{2,j}}{S} \\
t_5 = \dfrac{P_{1,j}P_{2,j} + P_{2,j}P_{3,j}}{S} \\
\qquad\qquad \vdots \\
t_n = \dfrac{P_{1,j}P_{2,j} + P_{2,j}P_{3,j} + \cdots + P_{n-3,j}P_{n-2,j}}{S}
\end{cases}
\tag{4-8}
$$

$$
S = \sum_{i=0}^{n-1} P_{i,j}P_{i+1,j}
\tag{4-9}
$$

式中，$P_{i,j}$ ($i = 0,1,\cdots,r$ ; $j = 0,1,\cdots,s$) 为型值点，$t_n$ 为节点，$S$ 为弦长的总和。

（2）确定节点矢量：$u$、$v$两组参数线的方向矢量是通过对型值点参数化处理而求得的。方向矢量所对应的离散点按照规范参数原则进行内插，如果$u$参数线为一组参数曲线，那么$v$方向定义的点集参数化$\tilde{v}_j$（$j=0,1,\cdots,s$）取决于曲面截面的具体位置。对$u$方向数据点进行累积弦长参数化处理，可得到离散点$q_{i,j}$的两个参数值$(\tilde{u}_i, \tilde{u}_j)$，$i=0,1,\cdots,r$；$j=0,1,\cdots,s$。取$u$、$v$两组参数线为三阶，则通过参数线构建的 NURBS 曲面方程为：

$$p(u,v) = \sum_{i=0}^{n}\sum_{j=0}^{m} d_{i,j} N_{i,3}(u) N_{j,3}(v) \ (0 \leqslant u, v \leqslant 1) \tag{4-10}$$

式中，$d_{i,j}$（$i=0,1,\cdots,n; j=0,1,\cdots,m$）为 NURBS 曲面的控制顶点，$N_{i,3}(u)$为$u$方向 3 次 NURBS 曲线的基函数，$N_{j,3}(v)$为$v$方向 3 次 NURBS 曲线的基函数。

$u$、$v$两组参数线方向对应的节点矢量分别为$\boldsymbol{U}=[u_0, u_1, \cdots, u_{n+4}]$和$\boldsymbol{V}=[v_0, v_1, \cdots, v_{m+4}]$，其中$n=r+2$，$m=s+2$。曲线、曲面定义域为$u \in [u_3, u_{n+1}] = [0,1]$，$v \in [v_3, v_{m+1}] = [0,1]$。定义域内节点对于参数点的参数值为$(u_i, v_j)=(\tilde{u}_{i-3}, \tilde{v}_{j-3})$（$i=3,4,\cdots,n+1; j=3,4,\cdots,m+1$）。

（3）反求控制顶点：根据张量积曲面自身的性质，通过曲线反求实现曲面的反算，可将曲面方程改写为：

$$p(u,v) = \sum_{i=0}^{n}\left[\sum_{j=0}^{m} d_{i,j} N_{j,3}(v)\right] N_{i,3}(u) = \sum_{i=0}^{n} c_i(v) N_{i,3}(u) \tag{4-11}$$

式中，$n+1$条控制曲线$c_i(v) = \sum_{i=0}^{n} d_{i,j}N_{j,3}(v)(i=0,1,\cdots,n)$上变量为$v_j$的$n+1$个点，即为位于拟合曲面的截面曲线［式（4-12）］上的控制点，而离散点$q_{i,j}$（$i=0,1,\cdots,r$）则在拟合曲线上。因此，通过这些数据点就可获取曲面的控制顶点$c_i(v)(i=0,1,\cdots,n)$。重复该过程，当下标$j$遍历定义域$[v_3, v_{m+1}]$内的所有数据点时，则可得到拟合曲面的四边拓扑结构控制顶点。

$$p(u,v) = \sum_{i=0}^{n} c_i v_j N_{i,3}(u) \tag{4-12}$$

（4）确定权因子：本节设定权因子均为 1。

（5）将节点矢量、控制顶点、权因子等参数代入 NURBS 曲面式（2-10），即可获得耳甲腔重构曲面（图 4-13）。

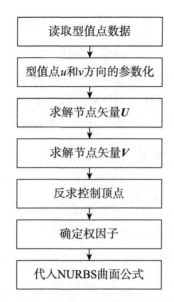

图 4-12　基于 NURBS 曲面插值的耳甲腔曲面重构流程

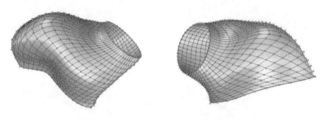

图 4-13　耳甲腔重构曲面

## 4.3.2　耳甲腔重构曲面的品质分析

衡量重构曲面品质的主要指标有重构曲面与原始三维点云数据之间的偏差、曲面连续性和光顺度等 [21]。曲面重构误差分析主要是指依据点云数据所拟合出的自由曲面与三维扫描获取的点云之间的偏离程度，即为点到曲面之间的最短距离。最大误差值、平均差值和标准差值三项指标常用于衡量曲面重构的精度，最大误差值可反映重构曲面与原始数据点之间的最大偏离程度，平均差值反映重构曲面偏离原始数据的平均程度，标准差值反映重构后数据误差的离散程度 [153]。在满足曲面光顺度和曲率连续性要求的前提下，应尽量减少重构曲面的偏差值，以符合和保留原有曲面的特征。学者孟凡文 [21] 指出型值点（或控制点）的数量对重构曲面与点云之间的偏差影响较大，通常情况下型值点（或控制点）的数量越少则重构误差越大，型值点（或控制点）数量越多则重构误差越小，其主要原因为随着型值点（或控制点）数量的增加，四角面片的数量随之增加，单个面片的尺寸随之变小，曲面差值越接近原始点云数据。

本节依据不同数量的型值点将同一耳甲腔三角网格曲面均重构成双三次NURBS曲面，表4-1给出重构曲面与耳甲腔三角网格曲面中点云数据的最大误差值、平均差值以及标准差值。如图4-14所示，随着点数的增加，重构曲面误差逐渐减小。但点数增加可能会导致重构曲面产生褶皱或起伏突变，增加曲面重构以及曲面后续分析的时间和复杂度，因此在曲面重构过程中通常需要通过增减型值点（或控制点）数量，以达到满足要求的曲面重构精度。

表4-1 型值点（或控制点）数量与曲面重构的误差关系

| 型值点数量/个 | 控制点数量/个 | 最大误差/mm | 平均差/mm | 标准差/mm | 型值点数量/个 | 控制点数量/个 | 最大误差/mm | 平均差/mm | 标准差/mm |
|---|---|---|---|---|---|---|---|---|---|
| 265 | 385 | 1.02 | 0.231 | 0.203 | 689 | 825 | 0.291 | 0.081 | 0.046 |
| 318 | 440 | 0.824 | 0.178 | 0.148 | 742 | 880 | 0.281 | 0.079 | 0.044 |
| 371 | 495 | 0.628 | 0.145 | 0.111 | 795 | 935 | 0.271 | 0.076 | 0.042 |
| 424 | 550 | 0.5 | 0.123 | 0.087 | 848 | 990 | 0.266 | 0.074 | 0.041 |
| 477 | 605 | 0.427 | 0.108 | 0.073 | 901 | 1045 | 0.269 | 0.072 | 0.039 |
| 530 | 660 | 0.354 | 0.097 | 0.062 | 954 | 1100 | 0.256 | 0.071 | 0.039 |
| 583 | 715 | 0.329 | 0.092 | 0.057 | 1007 | 1155 | 0.253 | 0.073 | 0.040 |
| 636 | 770 | 0.308 | 0.085 | 0.049 | 1060 | 1210 | 0.262 | 0.070 | 0.038 |

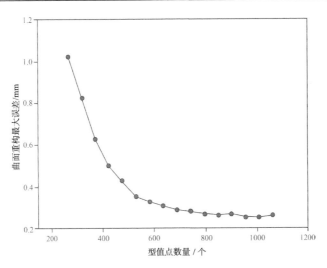

图4-14 曲面重构误差与型值点数量的关系

4.3.1节将所有原始耳甲腔网格曲面均重构成型值点数量为795个、控制点数量为935个的3×3 NURBS曲面。将所有耳甲腔重构曲面（格式为stp）与其对应原始点云数据（格式为txt）导入Catia V5软件中进行曲面重构误差分析［图4-15（a）］。图4-15（b）为耳甲腔重构曲面与其原始点云数据的误差分析示意图，其最大重构误差为0.271 mm，平均误差为0.075 8 mm，标准差为0.041 8 mm。图4-16为本书所有310

个样本的重构曲面与其对应原始点云数据的最大误差、平均差以及标准差分布图。从图 4-16 中可以直观看出，所有重构耳甲腔曲面误差的最大值、平均值与标准值分别小于 0.40 mm、0.11 mm、0.07 mm，从而论证了本章所构建的基于 795 个型值点的耳甲腔曲面重构方法，具有较高的重构精度，可以保持原始耳甲腔曲面的特征。

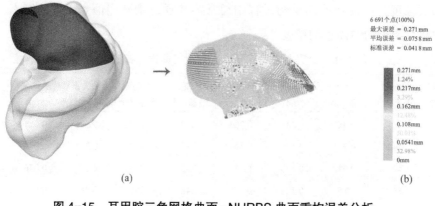

6 691个点(100%)
最大误差 = 0.271mm
平均误差 = 0.075 8mm
标准误差 = 0.041 8mm

0.271mm
1.24%
0.217mm
3.29%
0.162mm
12.48%
0.108mm
50.01%
0.0541mm
32.98%
0mm

(a)                                                    (b)

图 4-15    耳甲腔三角网格曲面 -NURBS 曲面重构误差分析

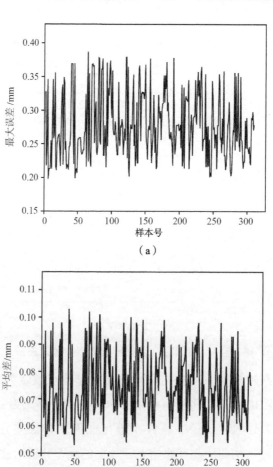

（a）

（b）

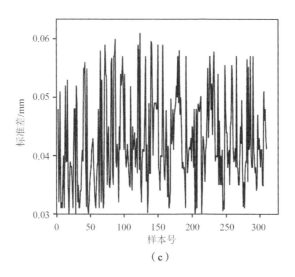

（c）

图 4-16 310 个耳甲腔重构曲面的误差分布范围

重构曲面连续性和光顺度的检测方法有曲面控制点分布检测、曲面反射线检测、曲面高光线检测、高斯曲率分析、斑马纹理分析等方法，其中高斯曲率分析、斑马纹理分析方法是较为常用的两种方法。当重构曲面的高斯曲率变化速率较快时，表明曲面内变化较大、光顺程度较低，在逆向工程的三维软件中一般通过曲面表面的颜色分布以及变化表示曲面高斯曲率的分布，通过颜色的变化可直观地感知曲面的高斯曲率变化，颜色突变则表示高斯曲率突变[21]。斑马纹理分析是指模拟一组平行的光源照射到所要检测的曲面上所观察到的反光效果。对于单一曲面而言，如果曲面的斑马纹理光滑、走势顺畅，且疏密变化均匀，那么可认为被检测曲面为连续光顺曲面，反之则认为被检测曲面为非连续光顺曲面。

将 4.3.1 节计算得到的重构曲面导入 Rhinoceros 5.0 软件中，分别通过高斯曲率分析和斑马纹理分析的方法对耳甲腔重构曲面的连续性以及光顺度进行验证。如图 4-17 和图 4-18 所示，耳甲腔整张曲面的曲率颜色属于同一色调且过渡均匀，耳甲腔曲面斑马纹理疏密变化均匀、走势平稳顺畅，从而反映了耳甲腔重构曲面具有较好的连续性和光顺度。

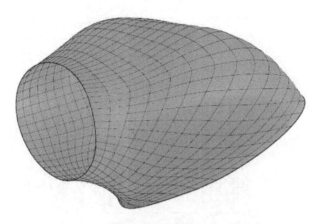

图 4-17　耳甲腔重构曲面高斯曲率分析图

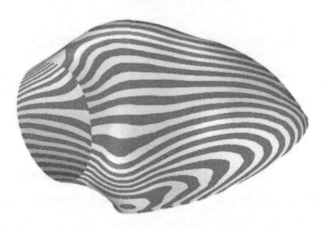

图 4-18　耳甲腔重构曲面斑马纹理分析图

## 4.4　本章小结

　　本章依据构建的"双向一阶轮廓线重构"法，从所有耳甲腔三角网格模型中提取出具有相同性质的 795 个型值点；以 795 个型值点为基础，基于 NURBS 曲面插值的方法将采集样本中由不同数量点云构成的耳甲腔三角网格曲面均重构成具有相同拓扑结构的 NURBS 曲面；通过对重构曲面的误差分析，指出重构曲面可以保持原始耳甲腔曲面数据的特征，所有样本重构误差均小于 0.40 mm；通过对重构曲面的曲率及斑马纹理的分析，指出所有样本的重构曲面具有较好的连续性和光顺度，从而论证了本章构建的耳甲腔曲面重构方法的可行性与可靠性，为第五章提出耳甲腔曲面形态分类的改进层级聚类算法、构建入耳式耳机设计的耳甲腔曲面形态模型库奠定了数据基础。

# 第五章
# 改进层级聚类算法与耳甲腔曲面形态聚类研究

    耳甲腔特征曲面的复杂性和尺寸差异性给入耳式耳机形态的个性化设计提出了更高的要求。如何平衡用户的个性差异与耳机批量化生产之间的矛盾，是耳机设计中必须考虑的一个重要问题。对耳甲腔曲面形态进行分析、分类，并求得每一类别中所有样本的耳甲腔共性特征曲面（平均曲面），以此作为不同形态尺寸的入耳式耳机设计和生产的依据，可兼顾到用户的个性差异与耳机批量化生产两个方面的要求。本章针对传统凝聚式层级聚类算法的不足，提出了针对耳甲腔曲面形态分类的改进层级聚类算法，并对所有样本的耳甲腔曲面形态进行了分类，与传统聚类算法的结果对比，验证了改进算法的优势；依据改进层级聚类算法结果构建了中国青年人耳甲腔共性特征曲面形态模型库；最后通过曲面误差分析，论证了改进算法结果的可靠性及耳甲腔曲面形态分类的必要性。

## 5.1 改进层级聚类算法的构建

### 5.1.1 传统层级聚类算法分析

    层级聚类算法的目的是将一组样本中距离相近的样本聚集为一类，并确保组内样本之间的差异较小，组间样本之间的差异较大。在传统凝聚式层级聚类算法中，需要设定所期望得到的聚类组数或者类别间的距离阈值作为聚类过程的终止条件。但对于复杂的数据而言，这是很难预先判定的[146]：聚类组数设置太小则会导致分类组中各样本间的差异性较大，聚类组数设置太大则会导致各分类组中的样本分布过于均匀，导致最终聚类结果不具备统计学的意义；类别间距离阈值的设定过小则会导致过多的样本不参与分类，设置太大则会导致各类中各样本间的差异较大。传统层级聚类算法通常会遇到合并点选择困难的问题，因为该算法只能选择和合并一组初始类组进行聚类，在聚类过程中每一次的合并处理都是在上一次合并的基础上进行的且合并组别之间的对象不能交换、已做的处理亦不能取消，由此可见该初始类组可以影响和决定最终的聚类结果，但并不能代表该聚类结果是最佳的[147]。

在初始类组选择和合并时，只考虑到待分类样本数据的整体结构，并没有考虑到各独立样本的数据结构，如图 5-1 所示，在所有数据中样本 $S_3$ 和 $S_2$ 的差异最小，在算法运行过程中会将样本 $S_3$ 和 $S_2$ 选作初始类组，但对于两个样本之间而言差异却很大，因此该问题的存在也将会直接影响聚类结果的可行性。尽管各学者针对传统层级聚类算法的不足提出了不同改进与优化算法，如：基于 K-means 算法的层级聚类算法研究、基于群智优化理论的层级聚类算法研究等，但相关改进算法均适用于特定的数据结构[145]。

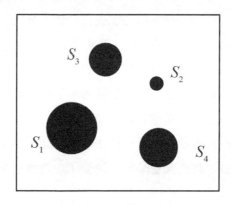

图 5-1　传统层级聚类算法中初始类组合并时存在的问题

## 5.1.2　改进层级聚类算法的构建及其流程

基于前人研究的基础和传统层级聚类算法存在的不足，本书以分类组数少、样本参与比值高、样本分布人数集中为目标，提出了一种针对曲面形态分类的改进层级聚类算法，在聚类的过程中不对分组数目或者类别间的距离阈值进行设定，只对各样本曲面中对应型值点之间的距离阈值进行设定。依据此，各样本进行两两配对得到若干初始类组，依次选择一组初始类组与剩余样本进行聚类，则得到若干聚类组，进一步依据构建的最佳组别评判准则，从若干聚类组中选择一组作为第一次聚类的结果，删除该聚类组中所有样本，依次循环迭代直到最终聚类完成。

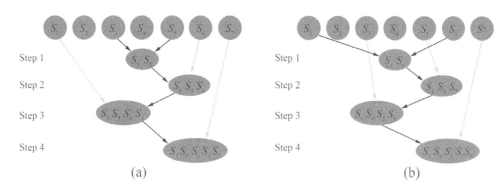

(a)　　　　　　　　　　　　　(b)

**图 5-2　曲面形态层级聚类改进算法树状图**

如图 5-2 所示，假设待聚类分析的曲面样本数据集 $S=\{S_1, S_2, \cdots, S_7\}$，每一个样本均由 $n$ 个型值点构成，各样本的点集为 $P=\{P_1, P_2, \cdots, P_n\}$。如图 5-3 所示，曲面形态分类的改进层级聚类算法的具体流程为：

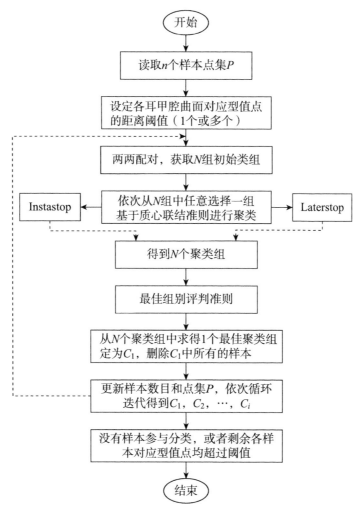

**图 5-3　改进层级聚类算法流程图**

（1）设定各曲面样本间对应型值点之间的距离阈值。样本进行配对时，其要求每两个样本间所有对应型值点的距离均不能超过设定的阈值，根据具体的情况可以设定一个或者多个阈值，即对样本间不同特征的对应型值点的聚类阈值进行分别设定。

（2）获取初始类组。如图 5-2（a）所示，共有 7 个样本，在两两配对的过程中，如果任意两组中所有对应型值点的距离都未超过设定的阈值，那么会产生 42 组初始类组，但初始组（$S_3$, $S_5$）与（$S_5$, $S_3$）性质一样，则需要删除任意一组，因此最终有 21 组初始类组。

（3）选择任意一初始类组进行聚类。如图 5-2（a）中的步骤 1，从 21 组中选择（$S_3$, $S_5$）作为初始类组，进一步基于质心联结准则，组别（$S_3$, $S_5$）分别与剩余的样本进行逐个比较。剩余的样本中到组别（$S_3$, $S_5$）质心距离最小的样本，若同时满足该样本中各型值点分别到 $S_3$ 和 $S_5$ 对应型值点的距离均小于设定的阈值条件时，则将该样本与组别（$S_3$, $S_5$）聚集为一类，如图 5-2（a）中的步骤 2，得到新的组别（$S_3$, $S_5$, $S_6$）。

（4）当该样本中的数据点到组别（$S_3$, $S_5$）质心距离最小，但对应的坐标点距离超出设定的阈值条件时，进一步设定两种聚类停止准则：Instastop 为直接停止聚类过程；Laterstop 为丢弃该样本，找到下一个满足阈值条件的样本。

（5）在每一次迭代计算的过程中，仅聚类出一个组别。如图 5-2（a）中的步骤 4，最终只聚类出（$S_3$, $S_5$, $S_6$, $S_1$, $S_7$）一个组别。与传统的层级聚类算法不同，改进层级聚类算法在确定初始类组（$S_3$, $S_5$）后，（$S_3$, $S_5$）只与剩余的样本进行比较 {（$S_3$, $S_5$）VS $S_1$, $S_2$, $S_4$, $S_6$, $S_7$}，剩余样本之间不再进行两两比较。

（6）再从 21 组配对组中选择一组作为初始类组，依照步骤（3）—（5）进行聚类，最终可得到 21 个聚类组。

（7）依据最佳聚类组别的评判标准（见 5.1.3 节），从 21 个聚类组中选择最佳的一组作为聚类组 $C_1$。在此需要注意以下特殊情况，图 5-2（b）以（$S_1$, $S_6$）为初始类组进行聚类，但最终聚类的结果与以（$S_3$, $S_5$）为初始类组的聚类结果相同［图 5-2（a）］，因此在程序运行的过程中需要对此进行判别，并任意删除一组，其目的是减少最佳聚类组的评判计算时间。

（8）从所有的样本中删除聚类组 $C_1$ 中所包含的样本，依据步骤（2）—（7）计算获取聚类组 $C_2$，依次循环直至最终聚类完成。

### 5.1.3　改进层级聚类算法中最佳聚类组别的评判准则

在改进层级聚类算法中，每一次迭代计算的过程中会产生若干聚类组，因此需要从若干聚类组中选择最佳的组别作为最终的聚类组。Ellena 等[68]依据层级聚类算法对澳大利亚人头部曲面形态进行分类，并以分类组中样本人数多和样本差异小为目标，构建了最佳聚类组别的评判准则。在人头部曲面形态聚类算法与耳甲腔曲面形态聚类算法中，两者均是通过计算样本曲面间各对应型值点的距离，来判定样本间差异的大小。

为构建曲面形态改进层级聚类算法的评判准则，本节首先求得每一次迭代计算后各聚类组的四个参数值：$a$ 为每一聚类组中所有样本间的 $n$ 个型值点到其所对应的质心点的距离和的均值；$b$ 为每一聚类组中所有样本间的 $n$ 个型值点到其所对应的质心点的距离的标准差；$c$ 为每一聚类组所有样本中任意一型值点到其对应的质心点的平均距离和的最大值；$d$ 为每一聚类组所有样本中各型值点到其对应质心点的距离值的最大值。图 5-4 为某一聚类组中所有样本型值点 $P_j$ 的分布情况。在该组中，样本数量为 $N$，每一样本的型值点数量为 $n$，则点 $P_j$ ($j$=1,2,$\cdots$,$n$) 为 $n$ 个点中的任意一点，$h$($h$=1,2,$\cdots$,$n$) 为 $N$ 个样本中任意一样本，$P_{j,h}$ 为样本 $h$ 的 $j$ 点的三维坐标值，$\bar{P}_j$ 为 $N$ 个样本中点 $P_j$ 的质心点，$L_{j,h}$ 为当前聚类中样本 $h$ 中的点 $P_j$ 到质心点 $\bar{P}_j$ 的距离，则参数 $a$、$b$、$c$、$d$ 的具体求解方法分别见公式（5-1）—（5-4）。

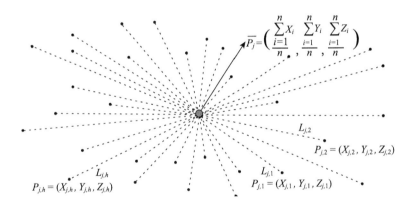

**图 5-4　分类组中所有样本点 $P_j$ 的分布示例**

$$a = \frac{1}{N \times n} \sum_{j=1}^{n} \sum_{h=1}^{N} L_{j,h} \tag{5-1}$$

$$b = \sqrt{\frac{1}{N \times n - 1} \sum_{j=1}^{n} \sum_{h=1}^{N} L_{j,h}} \tag{5-2}$$

$$c = \max_{j \in (1,n)} \frac{1}{N} \sum_{h=1}^{N} L_{j,h} \tag{5-3}$$

$$d = \max_{h \in (1,N), j \in (1,n)} L_{j,h} \qquad (5\text{-}4)$$

依据四个参数值的大小，对四个参数分别进行升序排列，并求出每一聚类组四个参数的加权排列均值 $WR$（Weight Rank），具体求解见式（5-5）。

$$WR = \frac{W_a \cdot \text{rank}(a) + W_b \text{rank}(b) + W_c \cdot \text{rank}(c) + W_d \cdot \text{rank}(d)}{(W_a + W_b + W_c + W_d)} \qquad (5\text{-}5)$$

式中，$W_a$、$W_b$、$W_c$、$W_d$ 分别为四个参数的权重值，$\text{rank}(a)$、$\text{rank}(b)$、$\text{rank}(c)$ 和 $\text{rank}(d)$ 分别为 $a$、$b$、$c$ 和 $d$ 的排列值，当在所有聚类组的某一聚类组中 $a$ 值为最小值时，则该组 $\text{rank}(a)$ 的值为 1，以此类推。

建立最佳聚类组别评判准则的目的为从每一次迭代计算生成的若干聚类组中，选择聚类人数集中且样本与样本之间的差异较小的组别。因此本节依据负指数分布函数构建了最佳聚类组别的评判准则[68]，见式（5-6）：

$$SC = \frac{WR}{\left( e^{\lambda \times \frac{Nb}{\text{Max } Nb}} \right) - 1} \qquad (5\text{-}6)$$

式中，$Nb$ 为当前聚类组的样本数量，$\text{Max } Nb$ 为每一次迭代计算后所有聚类组中最大样本数量，$\lambda$ 为比率参数。由此可知，当组别 $SC$ 值最小时则代表该组别为最佳组别。

Ellena 等[68]在文献中给出各权重值以及比率参数 $\lambda$ 的取值范围：

$$W_a、W_b、W_c、W_d \in \{1,2,4\}; \ \lambda \in \{1,5,10\} \qquad (5\text{-}7)$$

因此在曲面形态层级聚类算法的最佳组别评判过程中，需要经过 $3^5$ 次计算才能确定 $W_a$、$W_b$、$W_c$、$W_d$ 以及 $\lambda$ 的最佳组合值。

## 5.2 耳甲腔曲面形态的聚类

耳甲腔曲面形态聚类的最终目的是求出聚类后每一组别的共性特征曲面，并以此作为入耳式耳机设计的依据，其前提需要确保各聚类组内样本之间曲面形态差异较小。作者在前期研究中指出入耳式耳机的形状尺寸主要受耳甲腔外轮廓形状尺寸的影响，当入耳式耳机的该尺寸过大时则会导致用户佩戴耳机过程中出现胀痛的症状，过小时则会导致耳机佩戴过程中易滑落的问题[120]。耳甲腔外轮廓的形状尺寸主要受关

键特征点 $P_1$、$P_2$、$P_3$、$P_4$、$P_5$、$P_6$、$P_{7a}$、$P_{7b}$、$P_{7c}$、$P_{7d}$ 的影响（见 3.3 节）。因此，首先要对各样本间对应特征点的距离阈值进行设定，在确保这些特征点距离差异较小的基础上，再对其余各样本间对应型值点的距离阈值进行设定，以确保样本曲面形态的差异较小。

参加聚类的样本数量为 $N = 310$，每一样本均有 $n = 795$ 个型值点，所有 310 个样本的特征点 $P_1$ 的坐标均值即为质心点 $\overline{P}_1$，依次求得每一样本的特征点 $P_1$ 到其质心点 $\overline{P}_1$ 的距离，并从中找出最大距离值作为各样本中点 $P_1$ 之间的距离阈值。依次类推，分别求得特征点 $P_2$、$P_4$、$P_5$、$P_6$、$P_{7a}$、$P_{7b}$、$P_{7c}$、$P_{7d}$ 的距离阈值（所有样本的特征点 $\overline{P}_3$ 均为坐标原点，因此不需要对各样本间的特征点 $\overline{P}_3$ 的距离阈值进行设定）。依据同样的方法分别求得各样本中剩余 785 个型值点到其对应质心点的最大距离值（共有 785 个值），进一步从中找出最大的距离值作为各样本间所有 785 个对应型值点的距离阈值。

在阈值的求解过程中需要对异常样本进行删除：图 5-5（a）为 785 个值中排序为前 50 名的值，由于个别样本曲面中若干异常型值点的存在导致这些值的分布范围整体偏大，为 6.8—8.6 mm；如图 5-5（b）所示，删除最大值为 8.6 mm 所对应的样本后，排序为前 50 名的值的整体分布范围呈现明显下降趋势，为 4.9—7.4 mm，但由于个别样本中个别异常点的存在导致最终阈值的设定依然偏大；如图 5-5（c）所示，删除最大值为 7.4 mm 所对应的样本后，排序为前 50 名的值的分布曲线呈现缓慢和均匀的下降趋势。因此，删除存在异常型值点的样本后，总样本数为 308。设定所有样本的 795 个型值点中，除关键特征点之外的所有剩余 785 个型值点与其对应点的距离阈值为 5.5 mm，所有距离阈值求解结果见表 5-1。

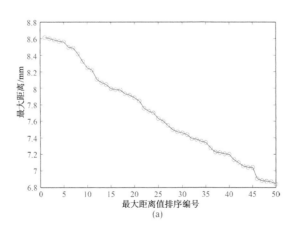

(a)

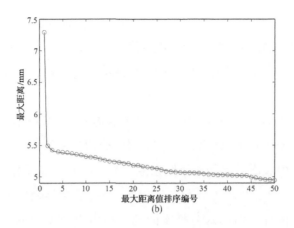

(b)

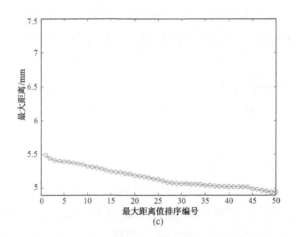

(c)

**图 5-5  785 个值中排序为前 50 名的值的分布范围**

**表 5-1  各型值点间距离阈值的设定**

单位：mm

| 型值点 | $P_1$ | $P_2$ | $P_4$ | $P_5$ | $P_6$ | $P_{7a}$ | $P_{7b}$ | $P_{7c}$ | $P_{7d}$ | *$P_{785}$ |
|---|---|---|---|---|---|---|---|---|---|---|
| 阈值 | 3.5 | 3.6 | 4.3 | 4.6 | 4.9 | 4.8 | 4.8 | 4.9 | 4.6 | 5.5 |

注：* 剩余 785 个型值点。

　　设定阈值后，以聚类组中人数多、参数 $a$、$b$、$c$、$d$ 的值小为准则，通过重复计算，得当 $W_a = 2$、$W_b = 1$、$W_c = 1$、$W_d = \lambda$ 以及 $\lambda = 5$ 时最终聚类结果较为理想。最终聚类结果如表 5-2 所示，所有样本被分为 29 个组别，最终进入分类的人数为 305（共有 3 个样本未进入分类），其中人数最多的为组别 No.1，占总样本数的 21.4%，组别 No.1 ~ No.10 的组内样本数之和占起始样本总数的 76.3%。从各聚类组的参数 $a$、$b$、$c$、$d$ 值可知各聚类组中样本间的曲面与其所对应聚类组的共性特征曲面的整体差异均较小，参数 $a$、$b$、$c$、$d$ 的最大值为 3.42 mm。

表 5-2 改进层级聚类算法的结果

| 组别 | 起始样本数 / 个 | 组内样本数 / 个 | 参数 $a$/mm | 参数 $b$/mm | 参数 $c$/mm | 参数 $d$/mm | 人数占比 /% |
|---|---|---|---|---|---|---|---|
| No.1 | 308 | 66 | 0.84 | 0.40 | 1.32 | 2.95 | 21.4 |
| No.2 | 242 | 32 | 0.80 | 0.44 | 1.54 | 2.86 | 10.4 |
| No.3 | 210 | 30 | 0.71 | 0.37 | 1.23 | 2.16 | 9.7 |
| No.4 | 180 | 22 | 0.71 | 0.35 | 1.55 | 2.17 | 7.1 |
| No.5 | 158 | 21 | 0.89 | 0.42 | 1.35 | 2.61 | 6.8 |
| No.6 | 137 | 15 | 0.89 | 0.46 | 1.52 | 3.42 | 4.9 |
| No.7 | 122 | 15 | 0.95 | 0.46 | 1.63 | 2.90 | 4.9 |
| No.8 | 107 | 12 | 0.91 | 0.47 | 1.76 | 3.10 | 3.9 |
| No.9 | 95 | 12 | 0.68 | 0.37 | 1.25 | 2.15 | 3.9 |
| No.10 | 83 | 10 | 0.89 | 0.43 | 1.60 | 2.70 | 3.2 |
| No.11 | 73 | 7 | 0.98 | 0.50 | 1.64 | 2.88 | 2.3 |
| No.12 | 66 | 6 | 0.97 | 0.44 | 1.66 | 2.54 | 1.9 |
| No.13 | 60 | 5 | 0.90 | 0.44 | 1.46 | 2.84 | 1.6 |
| No.14 | 55 | 4 | 0.94 | 0.49 | 1.74 | 3.00 | 1.3 |
| No.15 | 51 | 5 | 1.00 | 0.50 | 1.69 | 2.78 | 1.6 |
| No.16 | 46 | 4 | 1.11 | 0.56 | 1.85 | 2.95 | 1.3 |
| No.17 | 42 | 5 | 0.75 | 0.46 | 1.89 | 2.97 | 1.6 |
| No.18 | 37 | 4 | 0.80 | 0.42 | 1.53 | 2.57 | 1.3 |
| No.19 | 33 | 5 | 1.11 | 0.57 | 2.29 | 3.21 | 1.6 |
| No.20 | 28 | 4 | 1.13 | 0.55 | 2.14 | 2.95 | 1.3 |
| No.21 | 24 | 3 | 0.87 | 0.45 | 1.83 | 2.44 | 1.0 |
| No.22 | 21 | 3 | 1.05 | 0.54 | 2.23 | 3.02 | 1.0 |
| No.23 | 18 | 2 | 0.84 | 0.42 | 1.58 | 2.09 | 0.6 |
| No.24 | 16 | 2 | 0.88 | 0.41 | 1.60 | 3.14 | 0.6 |
| No.25 | 14 | 3 | 0.93 | 0.45 | 1.68 | 2.54 | 1.0 |
| No.26 | 11 | 2 | 0.75 | 0.40 | 1.82 | 1.82 | 0.6 |
| No.27 | 9 | 2 | 0.84 | 0.43 | 2.02 | 2.02 | 0.6 |
| No.28 | 7 | 2 | 0.93 | 0.45 | 1.68 | 1.68 | 0.6 |
| No.29 | 5 | 2 | 0.48 | 0.31 | 1.65 | 1.65 | 0.6 |
| 总人数 | 308 | 305* | | | | | 99.0 |

注：* 本书共采集了 315 位年龄为 18~28 岁的中国青年男性和女性的左耳模型，在 3.4.2 节数据预处理时共删除 5 个样本，剩余 310 个样本，在本节阈值求解的过程中删除了 2 个样本，剩余 308 个样本用于分类，最终有 3 个样本未参与分类，因此共有 305 个样本。

如图 5-6（a）所示，当设定样本间所有 795 个型值点到其对应型值点的距离阈值均为 5.5 mm 时，出现同一聚类组中两个样本之间关键特征点 $P_5$ 的距离差异较大的情况，用户佩戴以此分类结果为依据而设计的入耳式耳机时，由于耳机关键特征尺寸太大或者太小可能会导致易滑落或佩戴胀痛等问题。如图 5-6（b）所示，对关键特征点和其他型值点间的距离阈值分别设定时（具体阈值见表 5-1），同一聚类组别中两个样本间各对应关键特征点的差异均较小。由此可知耳甲腔曲面间各型值点的距离阈值不能按照同一数值进行设定。

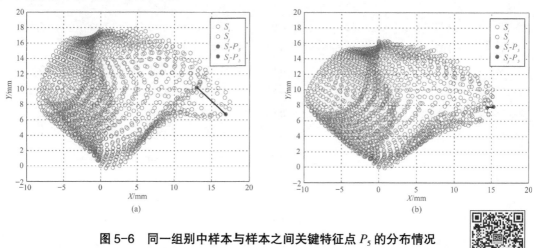

**图 5-6　同一组别中样本与样本之间关键特征点 $P_5$ 的分布情况**

## 5.3　改进层级聚类算法与传统层级聚类算法的对比

将表 5-1 给出的耳甲腔曲面各型值点间的距离阈值分别代入基于单联准则（Single-linkage）、全联准则（Complete-linkage）、平均联结准则（Average-linkage）、质心联结准则（Centroid-linkage 或 Mean-linkage）的传统层级聚类算法中，对耳甲腔曲面形态进行聚类分析，以验证改进层级聚类算法的优势。最终聚类的结果见表 5-3。

**表 5-3　改进层级聚类算法与传统层级聚类算法的结果对比**

| 聚类算法 | 组数 | 参与样本数量 / 个 | 样本占比 /% | 参数 $\bar{a}$ /mm | 参数 $\bar{b}$ /mm | 参数 $\bar{c}$ /mm | 参数 $\bar{d}$ /mm |
|---|---|---|---|---|---|---|---|
| 改进层级聚类算法 | 29 | 305 | 99 | 0.88 | 0.44 | 1.68 | 2.62 |
| Single-linkage (Instastop) | 24 | 159 | 52 | 0.51 | 0.29 | 1.25 | 1.86 |

| 聚类算法 | 组数 | 参与样本数量 / 个 | 样本占比 /% | 参数 $\bar{a}$ /mm | 参数 $\bar{b}$ /mm | 参数 $\bar{c}$ /mm | 参数 $\bar{d}$ /mm |
|---|---|---|---|---|---|---|---|
| Single-linkage (Laterstop) | 30 | 265 | 87 | 0.71 | 0.35 | 1.37 | 2.32 |
| Complete-linkage (Instastop) | 27 | 185 | 61 | 0.57 | 0.28 | 1.25 | 1.87 |
| Complete-linkage (Laterstop) | 43 | 299 | 98 | 0.73 | 0.39 | 1.51 | 2.51 |
| Mean-linkage (Instastop) | 27 | 205 | 67 | 0.59 | 0.34 | 1.33 | 1.97 |
| Mean-linkage (Laterstop) | 34 | 283 | 93 | 0.67 | 0.38 | 1.57 | 2.31 |
| Centroid-linkage (Instastop) | 27 | 215 | 70 | 0.65 | 0.29 | 1.43 | 2.11 |
| Centroid-linkage (Laterstop) | 40 | 293 | 96 | 0.81 | 0.40 | 1.62 | 2.45 |

通过对比发现，基于质心联结准则的改进层级聚类算法中样本参与比值为99%，尽管基于 Complete-linkage（Laterstop）和 Centroid-linkage（Laterstop）的传统层级聚类算法的样本占比也分别达到了98%和96%，但是最终分类组别数分别为43组和40组，远远超过改进层级算法的29组。虽然基于 Single-linkage（Instastop）和 Complete-linkage（Instastop）的传统层级聚类算法的结果中分组较少，分别为24组和27组，但其最终参与的样本占比只有52%和61%。由此可知，在距离阈值设定相同的情况下传统层级聚类算法的样本参与比值均低于改进层级聚类算法，同时在样本参与比值大体相同的情况下，改进层级聚类算法的分类组数明显小于传统层级聚类算法，从而验证了改进层级聚类算法具有聚类参与的样本占比高、分类组数少的优势。

# 5.4　耳甲腔曲面形态模型库的构建

## 5.4.1　共性特征曲面型值点计算

现有针对人体特征分类的相关研究文献中，通常会计算出每一分类组别中所有样本的平均形态，并以此作为相关产品造型设计的依据，如：学者金娟凤对人体腰腹臀部进行分析分类，计算得到每一类别中所有人的平均腰腹臀型，以用于服饰的设计[153]；

Baek 等对台湾人足部进行分类，计算得到每一类别中所有人的平均足型，以用于鞋垫等产品的设计[49]。

对于耳甲腔的曲面形态而言，依据 5.2 节的聚类结果，共分为 29 个分类组别。求出每一组中所有样本曲面上 795 个型值点的平均值，可以得到 795 个新的型值点，以这些型值点重构一个曲面，可以作为这一组中所有耳甲腔曲面的代表性曲面，称为该组的共性特征曲面。同理，由所有样本曲面的 795 个型值点的平均值，可以构造出所有样本耳甲腔的共性特征曲面。

设第 $k$ 组的共性特征曲面型值点集为 $G_k(x,y,z)$，所有样本的共性特征曲面型值点集为 $G_{all}(x,y,z)$，则：

$$G_k(x,y,z) = \begin{bmatrix} \left( \dfrac{\sum\limits_{i=1}^{n_k} x_{1,i}}{n_k}, \dfrac{\sum\limits_{i=1}^{n_k} y_{1,i}}{n_k}, \dfrac{\sum\limits_{i=1}^{n_k} z_{1,i}}{n_k} \right) \\ \left( \dfrac{\sum\limits_{i=1}^{n_k} x_{2,i}}{n_k}, \dfrac{\sum\limits_{i=1}^{n_k} y_{2,i}}{n_k}, \dfrac{\sum\limits_{i=1}^{n_k} z_{2,i}}{n_k} \right) \\ \vdots \\ \left( \dfrac{\sum\limits_{i=1}^{n_k} x_{795,i}}{n_k}, \dfrac{\sum\limits_{i=1}^{n_k} y_{795,i}}{n_k}, \dfrac{\sum\limits_{i=1}^{n_k} z_{795,i}}{n_k} \right) \end{bmatrix} \tag{5-8}$$

式中，$k$ 为分类组数，$k=1,2,\cdots,29$，$n_k$ 为每一组别的样本数量（具体数量见表 5-2），每一样本曲面中型值点数量均为 795 个，则 $x_{1,i}$，$y_{1,i}$，$z_{1,i}$ 分别为第 $i$ 个样本的第 1 个型值点的三维坐标值，$i=1,2,\cdots,n_k$，依次类推至 $x_{795,i}$，$y_{795,i}$，$z_{795,i}$。

$$G_{all}(x,y,z) = \begin{bmatrix} \left( \dfrac{\sum\limits_{i=1}^{n} x_{1,i}}{n}, \dfrac{\sum\limits_{i=1}^{n} y_{1,i}}{n}, \dfrac{\sum\limits_{i=1}^{n} z_{1,i}}{n} \right) \\ \left( \dfrac{\sum\limits_{i=1}^{n} x_{2,i}}{n}, \dfrac{\sum\limits_{i=1}^{n} y_{2,i}}{n}, \dfrac{\sum\limits_{i=1}^{n} z_{2,i}}{n} \right) \\ \vdots \\ \left( \dfrac{\sum\limits_{i=1}^{n} x_{795,i}}{n}, \dfrac{\sum\limits_{i=1}^{n} y_{795,i}}{n}, \dfrac{\sum\limits_{i=1}^{n} z_{795,i}}{n} \right) \end{bmatrix} \tag{5-9}$$

式中，$n$ 为总样本数量，$n = 305$（见表 5-2），每一样本曲面中型值点数量均为 795 个，则 $x_{1,i}$，$y_{1,i}$，$z_{1,i}$ 分别为第 $i$ 个样本的第 1 个型值点的三维坐标值，$i=1,2,\cdots,305$，依次类推至 $x_{795,i}$，$y_{795,i}$，$z_{795,i}$。

## 5.4.2　共性特征曲面形态

依据上述共性特征曲面型值点集的计算结果，采用 NURBS 曲面插值的方法，可以建立各分类组别的共性特征曲面和所有样本的共性特征曲面，分别如图 5-7（后视图）和图 5-8（前视图）所示。这些共性特征曲面形态可以作为入耳式耳机设计的耳甲腔曲面形态模型库的内容。

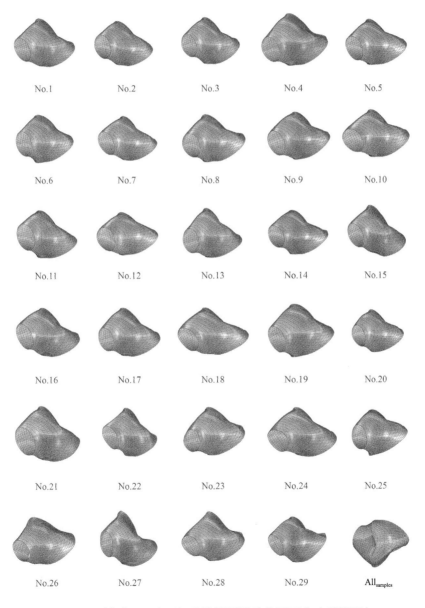

图 5-7　针对入耳式耳机设计的耳甲腔曲面形态（后视图）

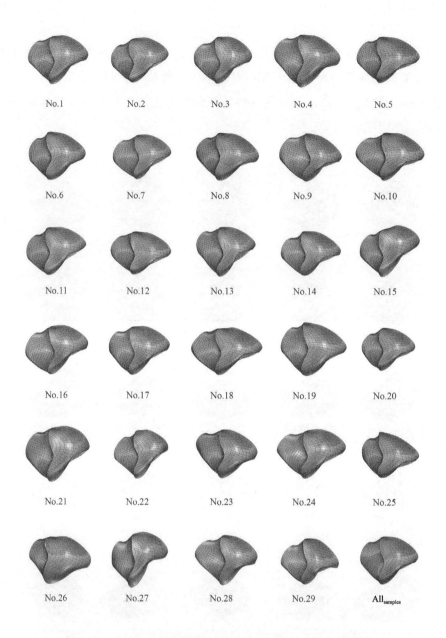

图 5-8　针对入耳式耳机设计的耳甲腔曲面形态（前视图）

### 5.4.3　关键特征参数

共性特征曲面建立以后，采用 3.3 节和 3.4 节的方法，分别从这些共性特征曲面上提取其特征点坐标，并计算关键特征尺寸，其结果分别如表 5-4 和表 5-5 所示。这些数据也可以作为耳甲腔曲面形态模型库的内容，其对设计师以及耳机生产商家具有重要的参考意义。

表5-4　各组别耳甲腔共性特征曲面特征点的坐标值

单位：mm

| 组别 | $P_1$ | $P_5$ | $P_6$ | $P_{7a}$ | $P_{7b}$ | $P_{7c}$ | $P_{7d}$ |
|------|-------|-------|-------|---------|---------|---------|---------|
| No.1 | (0,17.2,0) | (14.0,8.9,0) | (6.5,10.8,−9.9) | (−7.2,7.2,−4.7) | (−3.5,15.7,−3.8) | (−7.9,12.1,−1.8) | (−2.9,10.6,−6.7) |
| No.2 | (0,15.4,0) | (13.4,8.1,0) | (7.3,9.2,−9.9) | (−5.6,4.8,−5.7) | (−3.2,13.5,−4.2) | (−7.4,9.6,−2.9) | (−1.6,8.7,−6.9) |
| No.3 | (0,16.9,0) | (12.7,7.9,0) | (6.1,10.5,−9.8) | (−6.4,6.1,−4.8) | (−4.2,14.5,−2.8) | (−8.1,10.5,−1.4) | (−2.7,10.1,−6.1) |
| No.4 | (0,19.3,0) | (14.6,8.5,0) | (6.5,11.2,−10.4) | (−8.1,8.8,−5.5) | (−4.3,17.8,−4.0) | (−9.3,14.3,−2.3) | (−3.2,12.3,−7.2) |
| No.5 | (0,16.7,0) | (14.0,7.3,0) | (7.5,9.2,−10.2) | (−6.5,6.4,−6.1) | (−3.0,15.1,−4.8) | (−7.6,11.4,−3.3) | (−2.0,9.7,−7.6) |
| No.6 | (0,17.4,0) | (13.9,7.7,0) | (7.1,9.1,−9.2) | (−5.3,5.8,−5.2) | (−3.1,15.0,−3.6) | (−7.0,10.9,−2.5) | (−1.4,10.1,−6.2) |
| No.7 | (0,16.0,0) | (12.6,8.4,0) | (5.7,8.8,−9.7) | (−8.0,6.0,−4.7) | (−3.4,14.0,−4.7) | (−8.1,11.3,−2.5) | (−3.5,8.6,−6.9) |
| No.8 | (0,17.4,0) | (14.8,7.0,0) | (7.9,9.6,−10.0) | (−5.9,7.0,−7.0) | (−3.0,15.6,−4.7) | (−7.7,11.9,−4.2) | (−1.4,10.6,−7.4) |
| No.9 | (0,17.6,0) | (13.1,7.4,0) | (5.7,8.9,−10.6) | (−8.2,7.0,−4.9) | (−4.4,15.9,−3.6) | (−9.2,12.3,−1.9) | (−3.6,10.6,−6.7) |
| No.10 | (0,17.4,0) | (14.5,7.6,0) | (6.9,9.6,−10.2) | (−8.9,7.7,−6.7) | (−3.1,15.4,−5.8) | (−8.8,13.3,−4.3) | (−3.3,9.5,−8.3) |
| No.11 | (0,17.1,0) | (14.2,9.4,0) | (8.0,10.5,−10.4) | (−5.7,4.9,−6.2) | (−2.7,14.6,−4.6) | (−7.3,10.3,−3.2) | (−1.1,9.2,−7.6) |
| No.12 | (0,15.6,0) | (13.6,6.5,0) | (6.8,7.6,−9.1) | (−6.9,5.7,−7.0) | (−2.8,14.0,−5.4) | (−7.8,11.0,−4.7) | (−2.1,8.5,−7.7) |
| No.13 | (0,18.1,0) | (12.9,10.0,0) | (6.2,7.6,−6.4) | (−6.2,7.6,−6.4) | (−4.4,16.6,−4.0) | (−8.3,12.2,−3.3) | (−2.4,12.0,−6.9) |
| No.14 | (0,16.0,0) | (14.4,7.5,0) | (6.5,8.2,−10.5) | (−7.0,5.7,−3.5) | (−2.9,13.3,−4.3) | (−7.2,11.0,−1.7) | (−2.6,8.0,−6.3) |
| No.15 | (0,17.1,0) | (13.5,11.2,0) | (6.2,13.5,−10.4) | (−6.8,6.8,−5.6) | (−3.6,15.5,−3.8) | (−7.6,11.8,−2.4) | (−2.2,10.9,−7.3) |
| No.16 | (0,17.2,0) | (14.6,9.4,0) | (6.5,10.6,−11.4) | (−7.8,5.8,−4.2) | (−3.8,14.9,−3.7) | (−8.3,11.3,−0.9) | (−3.3,9.4,−7.1) |
| No.17 | (0,17.3,0) | (14.2,9.1,0) | (6.6,11.0,−10.4) | (−6.1,7.3,−6.0) | (−5.1,15.7,−1.8) | (−8.4,10.6,−1.8) | (−2.7,12.2,−5.9) |
| No.18 | (0,16.9,0) | (15.9,8.3,0) | (7.8,10.6,−10.7) | (−8.6,7.7,−5.6) | (−2.7,15.5,−4.7) | (−8.0,13.1,−2.5) | (−3.1,10.0,−7.9) |
| No.19 | (0,19.3,0) | (15.6,8.4,0) | (7.7,10.0,−10.5) | (−7.3,7.9,−4.7) | (−2.9,17.2,−4.5) | (−7.6,13.8,−2.0) | (−2.5,11.3,−7.2) |
| No.20 | (0,15.5,0) | (12.4,7.5,0) | (6.1,8.4,−9.0) | (−6.0,6.0,−4.7) | (−2.8,13.7,−4.1) | (−6.7,10.5,−2.1) | (−2.3,8.9,−6.7) |
| No.21 | (0,19.5,0) | (14.4,11.4,0) | (7.9,13.6,−11.5) | (−7.4,7.8,−6.0) | (−3.3,18.0,−3.8) | (−8.6,13.7,−2.0) | (−2.0,12.2,−7.8) |
| No.22 | (0,17.5,0) | (12.3,10.4,0) | (5.5,11.6,−9.1) | (−7.6,6.7,−4.4) | (−3.0,15.0,−4.5) | (−7.4,12.1,−2.8) | (−3.2,9.7,−6.2) |
| No.23 | (0,17.7,0) | (13.0,7.1,0) | (5.8,9.7,−9.7) | (−5.5,8.3,−7.2) | (−6.3,16.3,−3.3) | (−9.1,12.0,−3.7) | (−2.9,13.3,−6.4) |
| No.24 | (0,17.2,0) | (14.6,9.2,0) | (6.4,10.7,−11.1) | (−9.8,9.2,−3.9) | (−2.7,15.2,−5.9) | (−7.7,14.8,−2.5) | (−4.5,9.5,−7.5) |
| No.25 | (0,16.7,0) | (13.6,5.8,0) | (7.6,6.9,−10.0) | (−4.8,5.3,−5.7) | (−2.5,14.2,−4.5) | (−6.4,10.3,−3.0) | (−1.0,9.3,−7.2) |
| No.26 | (0,16.7,0) | (16.1,6.0,0) | (8.9,9.9,−10.3) | (−5.2,8.3,−5.6) | (−1.8,16.1,−4.0) | (−6.1,12.8,−2.4) | (−0.8,11.5,−7.3) |
| No.27 | (0,19.5,0) | (13.1,11.4,0) | (6.1,13.8,−10.7) | (−5.8,7.5,−6.3) | (−4.7,17.0,−3.2) | (−7.7,11.7,−2.0) | (−3.0,12.7,−7.4) |
| No.28 | (0,18.2,0) | (12.7,8.0,0) | (5.2,11.0,−9.4) | (−9.3,9.6,−3.5) | (−3.3,16.1,−4.1) | (−8.3,14.6,−1.5) | (−4.5,10.7,−6.2) |
| No.29 | (0,16.6,0) | (12.8,6.0,0) | (4.6,8.7,−10.1) | (−8.2,6.7,−3.0) | (−3.5,14.2,−3.1) | (−7.6,11.6,−0.6) | (−4.1,9.2,−5.5) |
| All$_{samples}$ | (0,17.1,0) | (13.4,8.2,0) | (6.6,9.8,−9.9) | (−6.6,6.8,−5.5) | (−3.3,15.7,−3.8) | (−8.1,11.9,−2.3) | (−2.5,10.1,−6.9) |

表5-5　各组别耳甲腔共性特征曲面的关键特征尺寸

单位：mm

| 组别 | TL（耳屏长度） | ATL（对耳屏长度） | CW（耳甲腔宽度） | CD（耳甲腔深度） | $H_{ECO}$（耳道口长度） | $W_{ECO}$（耳道口宽度） |
|---|---|---|---|---|---|---|
| No.1 | 17.2 | 16.6 | 16.3 | 9.9 | 9.3 | 7.1 |
| No.2 | 15.4 | 15.7 | 15.2 | 9.9 | 9.2 | 7.1 |
| No.3 | 16.9 | 15.0 | 15.6 | 9.8 | 9.0 | 7.2 |
| No.4 | 19.3 | 16.9 | 18.1 | 10.4 | 9.9 | 8.0 |
| No.5 | 16.7 | 15.8 | 16.9 | 10.2 | 9.5 | 7.3 |
| No.6 | 17.4 | 15.9 | 17.0 | 9.2 | 9.6 | 6.7 |
| No.7 | 16.0 | 15.1 | 14.7 | 9.7 | 9.2 | 7.0 |
| No.8 | 17.4 | 16.4 | 18.1 | 9.9 | 9.4 | 7.2 |
| No.9 | 17.6 | 15.1 | 16.6 | 10.6 | 9.7 | 7.6 |
| No.10 | 17.4 | 16.4 | 17.5 | 10.2 | 9.7 | 7.8 |
| No.11 | 17.1 | 17.1 | 16.2 | 10.4 | 10.2 | 7.7 |
| No.12 | 15.6 | 15.1 | 16.3 | 7.6 | 9.4 | 7.0 |
| No.13 | 18.1 | 16.3 | 15.2 | 10.8 | 9.6 | 7.0 |
| No.14 | 16.0 | 16.2 | 16.7 | 10.5 | 8.7 | 7.1 |
| No.15 | 17.1 | 17.5 | 14.8 | 10.4 | 7.5 | 7.4 |
| No.16 | 17.2 | 17.4 | 16.6 | 11.5 | 10.0 | 8.2 |
| No.17 | 17.3 | 16.9 | 16.4 | 10.4 | 9.4 | 7.2 |
| No.18 | 16.9 | 17.9 | 18.0 | 10.7 | 9.9 | 7.9 |
| No.19 | 19.3 | 17.7 | 19.0 | 10.5 | 10.3 | 7.7 |
| No.20 | 15.5 | 14.4 | 14.7 | 9.0 | 8.3 | 6.5 |
| No.21 | 19.5 | 18.3 | 16.5 | 11.5 | 11.3 | 8.9 |
| No.22 | 17.5 | 16.1 | 14.2 | 9.1 | 9.5 | 5.9 |
| No.23 | 17.7 | 14.8 | 16.8 | 9.7 | 8.9 | 6.9 |
| No.24 | 17.2 | 17.3 | 16.6 | 11.1 | 9.5 | 8.0 |
| No.25 | 16.7 | 14.8 | 17.4 | 10.1 | 9.2 | 6.9 |
| No.26 | 16.7 | 17.1 | 19.3 | 10.3 | 8.7 | 7.3 |
| No.27 | 19.5 | 17.4 | 15.3 | 10.7 | 10.1 | 7.2 |
| No.28 | 18.2 | 15.0 | 16.3 | 9.4 | 8.8 | 7.2 |
| No.29 | 16.6 | 14.2 | 16.6 | 8.7 | 8.8 | 6.5 |
| All$_{samples}$ | 17.1 | 15.7 | 16.5 | 9.9 | 9.6 | 7.5 |

由表5-5可见，组别No.8与No.9、No.10与No.9共性特征曲面中各关键特征尺寸均较为相近，例如组别No.8与No.9的耳道口长度与宽度的差异为0.3 mm和

0.4 mm，No.10 与 No.9 的耳道口长度与宽度的差异仅为 0 mm 和 0.2 mm，但关键特征尺寸相同并不能说明各共性特征曲面形态相似，对应型值点坐标位置的不同，会使得曲面间具有较大的差异。如图 5-9 所示，虽然上述两组别的耳道口关键特征尺寸差异较小，但是耳道口所在的位置以及共性特征曲面形态均存在较大的差异。由此可知，仅仅依靠耳甲腔关键特征尺寸进行分类，并以此为依据所设计的入耳式耳机并不能满足用户佩戴舒适性的需求，从而论证了基于耳甲腔曲面形态分类的必要性。

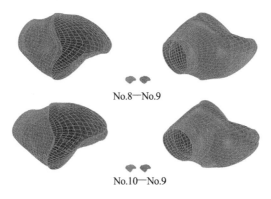

No.8—No.9

No.10—No.9

图 5-9　组别 No.8 与 No.9，No.10 与 No.9 共性特征曲面对比图

## 5.5　耳甲腔曲面形态分类结果的可靠性验证

为验证基于改进的层级聚类算法对耳甲腔曲面形态分类结果的可靠性，本节采用随机抽取的方法对所有样本共性特征曲面 $All_{samples}$ 与不同聚类组别共性特征曲面、不同聚类组别样本曲面、不同聚类组别共性特征曲面、组别的共性特征曲面与该组别的样本曲面分别进行误差分析。图 5-10（a）分别为组别 No.5、No.21、No.28 的共性特征曲面与所有样本共性特征曲面 $All_{samples}$ 间的误差分析结果，可知组别 No.5 与 $All_{samples}$ 曲面形态较为接近（最大误差值为 1.3 mm），但组别 No.21、No.28 与 $All_{samples}$ 曲面之间存在较大的差异，其最大误差值分别为 −3.48 mm、3.99 mm；图 5-10（b）分别为组别 No.5 中的样本 $S_{171}$ 与组别 No.21 中的样本 $S_{310}$、组别 No.28 中的样本 $S_{146}$ 与组别 No.21 中的样本 $S_{310}$、组别 No.5 中的样本 $S_{171}$ 与组别 No.28 中的样本 $S_{146}$ 曲面形态误差分析的结果，其中最大误差值分别为 −4.69 mm、4.76 mm、−5.35 mm；图 5-10（c）分别为组别 No.21 与 No.5、No.28 与 No.21、No.5 与 No.28 之间的形态误差分析结果，其中最大误差值分别为 −4.14 mm、4.42 mm、4.46 mm；图 5-10（d）分别

为组别 No.5 中的样本 $S_{171}$ 与组别 No.5、组别 No.21 中的样本 $S_{310}$ 与组别 No.21、组别 No.28 中的样本 $S_{146}$ 与组别 No.28 之间的曲面误差分析结果，其中最大的误差值分别为 $-1.41$ mm、$-1.50$ mm、$1.50$ mm。

从图 5-10（a）至 5-10（c）的分析结果可以得出不同组别共性特征曲面与所有样本共性特征曲面之间、来自不同组别的样本曲面之间以及不同组别共性特征曲面之间均存在较大的差异，仅设计生产一款入耳式耳机无法满足绝大多数用户的耳机佩戴需求；从图 5-10（d）的分析结果可知每一组别的样本曲面与该组别的共性特征曲面之间的误差明显变小，从而论证了耳甲腔曲面形态改进层级聚类算法结果的可靠性，也进一步印证了耳甲腔曲面形态分类的必要性。

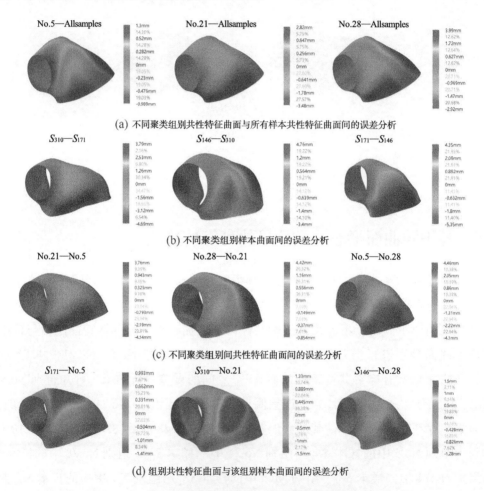

(a) 不同聚类组别共性特征曲面与所有样本共性特征曲面间的误差分析

(b) 不同聚类组别样本曲面间的误差分析

(c) 不同聚类组别间共性特征曲面间的误差分析

(d) 组别共性特征曲面与该组别样本曲面间的误差分析

图 5-10　不同组别样本间的耳甲腔曲面形态的误差分析

## 5.6　本章小结

本章首先分析了传统层级聚类算法的不足，提出了一种复杂曲面形态改进层级聚类算法，依据该改进算法将 305 位年龄为 18—28 岁的中国青年人耳甲腔曲面形态分为 29 个组别，得出了各组的样本占比，以设定同样的距离阈值条件为基础，通过与传统层级聚类算法的结果对比，指出改进算法具有样本聚集度高、归类样本比例高、分组少等优点；其次依据改进算法的聚类结果，确定了每一组别的共性特征曲面，构建了针对入耳式耳机设计的中国青年人耳甲腔曲面形态模型库；最后对所有样本共性特征曲面与不同聚类组别共性特征曲面、不同聚类组别样本曲面、不同聚类组别共性特征曲面、组别的共性特征曲面与该组别的样本曲面分别进行了误差分析，验证了改进算法结果的可靠性，也进一步论证了基于耳甲腔曲面形态分类进行入耳式耳机曲面造型设计的必要性。

# 第章
# 入耳式耳机设计结果的人性化验证

满足用户的需求是产品设计的首要目的。对于具有直接人机接触曲面的可穿戴产品而言，用户对产品的需求除了其技术性能外，更多的是在人机接触面的感受方面。因此，对于这类产品从人性化的角度进行设计验证，是十分必要和重要的内容。对于入耳式耳机设计而言，耳机佩戴后的抗滑落性和佩戴时的舒适度是人性化验证的主要方面。本书在第五章依据不同样本耳甲腔曲面形态的差异，构建了面向入耳式耳机设计的耳甲腔曲面形态分类模型库，目的在于分类设计入耳式耳机的曲面造型。但是，这些曲面形态是否可满足不同类别用户的人性化需求，还有待验证。本章依据构建的耳甲腔曲面形态模型库，完成入耳式耳机的造型设计与3D打印，通过佩戴及运动测试，对耳机的抗滑落性以及用户佩戴耳机时的主观舒适度进行了检验；建立了外耳－耳机有限元仿真分析模型，通过等效应力云图分布均匀程度，以及应力值等指标对用户佩戴耳机时的舒适度进行了客观验证。综合上述两方面，实现了对入耳式耳机设计结果的人性化验证。

## 6.1　入耳式耳机设计结果的验证方法

在第五章，作者依据不同样本耳甲腔曲面形态的差异，构建了面向入耳式耳机设计的耳甲腔曲面形态分类模型库，目的在于分类设计入耳式耳机的曲面造型。但是，这些曲面形态是否可满足不同类别用户佩戴的人性化需求，还有待验证。

用户使用入耳式耳机时的人性化需求主要包括耳机佩戴过程中的抗滑落性以及佩戴舒适度[120]。抗滑落性需求是用户佩戴耳机时的基本需求，即用户佩戴耳机后，在正常行走或运动状态下要确保耳机不易滑落。佩戴舒适度是人的主观感受，它是由心

理和生理两方面的因素构成的[169]。

　　人机接触曲面造型产品的使用舒适度验证方法可分为主观性验证和客观性验证。其中主观性验证主要是指用量表法或调查法获取人的主观心理感受。客观舒适度验证方法主要是指通过不同技术路径测得被测试者的心理、生理反应参数或者相关客观数据，用以评估产品的舒适度水平，主要方法包括：肌肉活动验证法、心率验证法、精神疲劳验证法、眼动追踪验证法，以及压力分布验证法[169]。Yin 等[170] 和 Cui 等[171] 指出在所有的舒适性客观验证方法中，压力和舒适度之间的关系最为明显；裴卉宁[169] 和贾丰源等[172] 指出理想的压力分布会使舒适度评分提高。产品与人体曲面接触压力的测量方法主要包括通过电子传感器测量和通过人机接触曲面有限元模型仿真分析测量。在基于传感器测量方法的舒适性验证研究方面：段杏元[173] 通过 Flexiforce 传感器对主塑形功能文胸的压感舒适性进行了测量；陈东生等[174] 研究了基于脑电技术的服装压力舒适性验证方法。在基于人机接触曲面有限元模型仿真分析的舒适度验证研究方面：林田等[175] 基于 CT 技术建立了足部有限元模型，对人体足部穿着的具有不同腰窝高度的鞋垫进行了静力分析，提出设计鞋垫的腰窝高度时应综合考虑足底压力分布和跖骨的应力；王珊珊[75] 建立了基于男子颈部三维模型的衣领压感舒适性验证方法；冉令鹏等[125] 建立了基于压强分布均匀程度的耳机佩戴舒适性客观验证方法；高振海等[176] 提出了基于体压分布的车辆驾驶座椅乘坐舒适性验证研究方法等。针对人体不同部位特征曲面与具体产品的压力舒适性验证的文献还有很多，在此不做赘述，其本质为通过模型仿真分析，检验应力分布的均匀程度、峰值压力与平均压力值的大小等。

　　综合上述文献的研究，本书拟定了入耳式耳机设计结果人性化验证的内容和方法，如图 6-1 所示。首先依据构建的耳甲腔曲面形态模型库，对入耳式耳机进行造型设计与 3D 打印，其次通过佩戴及运动测试对入耳式耳机的抗滑落性进行检验，同时通过佩戴测试对用户的主观舒适度进行检验（因为抗滑落性和舒适性主观检验都涉及佩戴测试，所以下文将这两部分内容安排到同一节）；进一步建立外耳－耳机有限元模型进行仿真分析，通过等效应力云图分布均匀程度、最大应力与最小应力差值等指标对用户佩戴耳机时的舒适度进行客观验证。

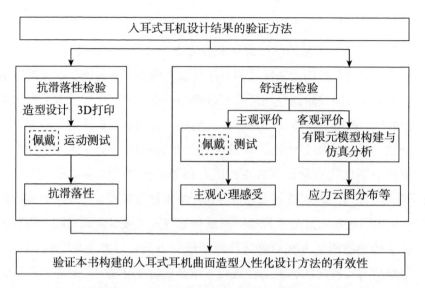

图 6-1　入耳式耳机设计结果的验证方法

## 6.2　入耳式耳机抗滑落性与舒适性主观检验

### 6.2.1　入耳式耳机造型设计及 3D 打印

对入耳式耳机的抗滑落性以及用户佩戴时的主观舒适度进行检验，需要依据耳甲腔曲面形态模型库中的模型（各聚类组别的共性特征曲面）进行耳机的曲面造型设计与 3D 打印，其过程如图 6-2 所示：在 Rhinoceros 5.0 软件中，首先利用 Patch（缝合）命令对模型耳道口以及耳甲腔外轮廓面进行缝合设计，然后利用 Offset（偏移）命令对模型进行向内偏置设置，设定曲面的厚度为 2 mm，以模拟市场现有耳机的实际厚度。

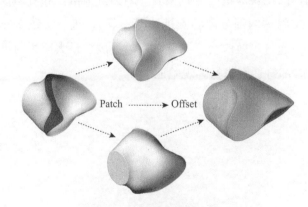

图 6-2　入耳式耳机设计

　　将已设计好的模型保存为 stl 格式的文件，选择热塑性聚氨酯橡胶作为耳机机体材料，在 Mostfun 3D 打印机（精度为 0.1 mm）上进行打印。图 6-3 给出了部分聚类组别入耳式耳机的 3D 打印模型。

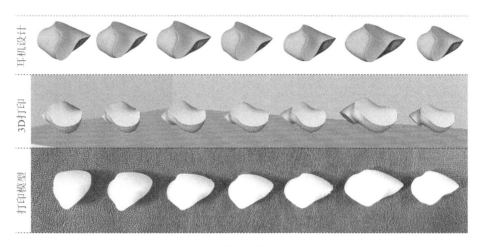

图 6-3　入耳式耳机 3D 打印

## 6.2.2　抗滑落性及舒适性主观检验

　　第五章的表 5-2 中计算出了每一聚类组别中所有样本的各 795 个型值点到其对应质心点的距离的最大值 $d$，其中组别 No.6 中参数 $d$ 的值是所有组别中最大的，为 3.42 mm，在 Matlab 编写的改进层级聚类算法程序中快速找出最大 $d$ 值所对应的样本为 $S_{176}$，因此本节将以组别 No.6 中的样本 $S_{176}$ 以及该组别其他样本为典型案例对入耳式耳机的抗滑落性及主观舒适性进行研究。

　　首先随机选择组别 No.6 中 6 名成员（3 位男性和 3 位女性，其中包括样本 $S_{176}$）进行佩戴测试，如图 6-4（a）所示，入耳式耳机模型的形状尺寸与测试者耳甲腔形状尺寸吻合度较高，参与者被要求佩戴 3D 打印的耳机模型 1 h，未出现胀痛等不舒适的症状。如图 6-5 所示，进一步通过跑步运动（速度分别为 4 km/h、6 km/h、8 km/h、10 km/h、12 km/h、14 km/h、16 km/h）和跳绳运动（跳绳的样式分别为：并脚跳、双脚交换跳、开合跳、交叉跳等）对入耳式耳机的抗滑性进行测试，结果均未出现滑落的现象。

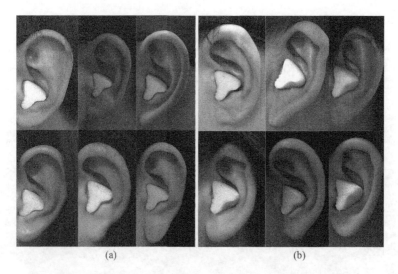

(a)　　　　　　　　　　(b)

**图 6-4　组别 No.6 样本以及不同组别样本佩戴试验**

**图 6-5　耳机佩戴过程中抗滑落性检验**

　　如图 6-4（b）所示，本节同时随机选择 6 名非该组别成员（3 位男性和 3 位女性）进行佩戴测试，发现该入耳式耳机的形状尺寸与参与者耳甲腔形状尺寸之间差异较大，其中 1 个样本由于耳机尺寸太小在运动过程中出现滑落的现象，2 个样本虽未滑落，但佩戴过程中出现胀痛感，其余 3 个样本由于耳机尺寸太大而无法佩戴。

　　测试试验结果表明：当测试者的耳甲腔形态与 3D 打印的耳机属于同一组别时，其耳甲腔形状尺寸与 3D 打印耳机吻合度较高，具有理想的佩戴舒适度，在佩戴过程中均未出现滑落的现象；而当测试者的耳甲腔形态与 3D 打印的耳机属于不同组别时，在测试过程中要么出现滑落，要么有胀痛感甚至无法佩戴。

## 6.3　入耳式耳机舒适性客观检验

### 6.3.1　外耳 – 耳机有限元模型的建立

通过有限元仿真分析的方法研究用户佩戴入耳式耳机时的舒适度问题，即为研究用户佩戴入耳式耳机时与耳甲腔所产生的接触压强的问题。若等效应力云图分布均匀，最大应力值越小且与最小应力的差值较小，则代表用户佩戴耳机时舒适度较高。

覃蕊等[177]指出准确建立人体模型是实现精确模拟分析的前提。为了建立准确的外耳 3D 模型，本书采用医学上的成像建模方法，首先用螺旋 CT 扫描获取格式为 DICOM（Digital Imaging and Communication in Medicine）的成像文件，然后将成像文件导入医学图像逆向处理软件 Mimics 21.0 中，依次进行图像二值化、设置阈值对图像进行分割、区域生长以及模型生成处理，得到三维模型。选择典型样本 $S_{176}$，对其头部部分区域进行螺旋 CT 扫描，层厚为 0.5 mm，分辨率为 512 ×512，共计获取 456 张格式为 DICOM 的成像文件，如图 6-6（a）所示；进一步将 456 张成像文件导入软件 Mimics 21.0 中，得到其外耳的三维模型［图 6-6（b）］。由于 Mimics 生成的模型为三角网格面模型，故将其导出为 stl 格式的文件，在 Rhinoceros 5.0 软件中对该模型进行光顺、修补、NURBS 曲面重构等处理后得到外耳三维实体模型，如图 6-7 所示。

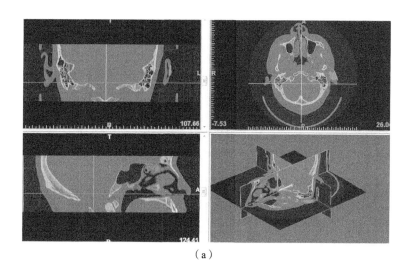

（a）

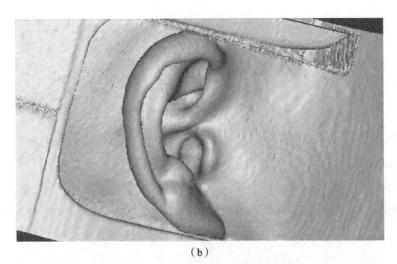

（b）

图 6-6　外耳 CT 图像及三角网格模型

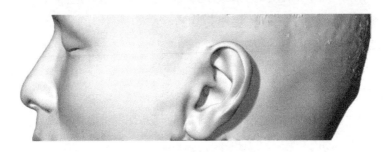

图 6-7　外耳三维模型

外耳主要由硬组织和软组织构成，硬组织主要为软骨组织；软组织主要包括皮肤、血管和神经[178]。软组织中皮肤占主体部分，可通过弹性、黏性和可塑性的权重因子来描述软组织的力学特点，其中血管和神经所占比重较小且三者材料力学相近，但与软骨组织的差异较大[179,180]，具体参数见表 6-1。为简化模型，同时确保精确模拟外耳的力学特性，根据文献[180] 所述，将血管和神经等效为皮肤，将外耳的整体结构解析为皮肤-软骨双重结构，即内部为起支撑作用的软骨组织，外部为等效处理后的皮肤组织。如图 6-8 所示，透明的为皮肤组织，厚度为 1.3 mm，非透明的为软骨组织，厚度为 4 mm。

表 6-1　外耳组织以及耳机材料特性 [125]

| 组织 | 材料类型 | 密度 / (kg·m$^{-3}$) | 弹性模量 / MPa | 泊松比 |
| --- | --- | --- | --- | --- |
| 皮肤 | 弹性 | 1 000 | 35 | 0.42 |
| 血管 / 神经 | 弹性 | 1 000 | 50 | 0.45 |
| 软骨 | 弹性 | 1 600 | 1 200 | 0.20 |
| 弹性尼龙 | 弹性 | 1 030 | 49.30 | 0.30 |

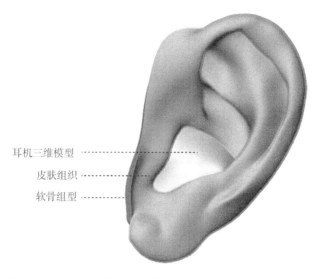

耳机三维模型 ············
皮肤组织 ············
软骨组型 ············

**图 6-8　皮肤－软骨双重结构的外耳模型及耳机三维模型**

## 6.3.2　有限元仿真分析前处理与结果

将获取的外耳模型和耳机模型导入有限元分析软件 Abaqus 6.14 中，进行仿真前处理，主要包括以下几个步骤：

（1）模型网格划分：为保证仿真分析结果的准确性以及计算速度，将外耳与入耳式耳机接触区域的网格划分为精细网格，然后从一般精细到粗网格逐渐过渡（图 6-9）。

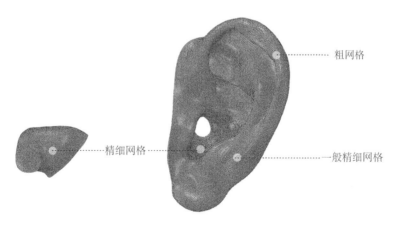

粗网格
精细网格
一般精细网格

**图 6-9　耳机和外耳网格模型细分**

（2）材料特性设定：有限元模型的可靠性一定程度上取决于所赋予的材料参数的合理性，根据文献[125]的研究设定外耳各组织、耳机模型均为单一各向同性线弹性材料，将表6-1中的材料特性值分别赋予对应的模型，各材料特性均参考相关文献中的数据。

（3）边界条件的设定：设定皮肤组织与软骨组织之间的接触条件为皮肤完全附着在软骨组织，忽略两者之间可能存在的力学关系；耳朵根部的自由度全部约束以模拟外耳与人体的固定关系；设定耳机的外侧平面位移为0，只释放重力方向平移自由度；载荷主要为耳机的重力（质量为0.004 12 kg），以集中载荷方式置于耳机质心节点位置；设定入耳式耳机及耳甲腔接触类型为面面接触，接触静摩擦系数为0.45[125]；对于耳机与耳朵在几何尺寸上某些部位有干涉的情况，则通过为耳机与耳朵干涉部位的节点设定合适的强制位移，模拟两者在实际佩戴过程中在这些节点位置的变形量，得到假想的不受重力作用的两者相互作用产生的接触压力，最后再引入重力，以模拟实际受力情况。

图6-10所示为外耳–耳机有限元仿真分析结果，可以得出最大等效应力值为0.202 MPa（与文献[125]中耳机佩戴舒适性仿真分析的结果0.218 MPa几乎一致），最小应力值接近于0，除耳道口位置，整体等效应力云图分布较为均匀。进一步按照同样的材料特性、边界条件等设定条件，选择其他组别的耳机模型与样本$S_{176}$的耳部模型进行有限元仿真分析，如图6-11所示，可发现应力分布不均匀，应力作用较大的部位集中在对耳屏附近部位，最大等效应力值增长至0.425 MPa，同时耳机与耳甲腔的整体接触面积比率较低。从试验结果可以判定当用户佩戴其隶属组别的入耳式耳机时，具有较为理想的舒适度；当用户佩戴其他组别的耳机时，舒适度明显降低，从而进一步验证了本书创建的耳甲腔曲面形态模型库的可靠性，以及本书构建的入耳式耳机曲面造型批量定制设计方法的有效性。

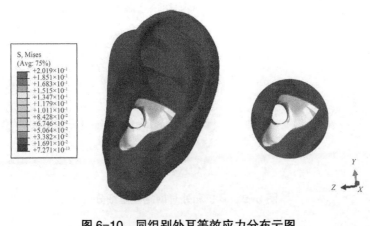

图6-10　同组别外耳等效应力分布云图

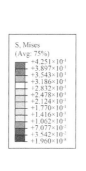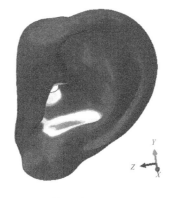

图 6-11 不同组别外耳等效应力分布云图

# 6.4 本章小结

  本章依据耳甲腔曲面形态模型库对入耳式耳机进行设计与 3D 打印；通过佩戴及运动测试，对耳机的抗滑落性和用户佩戴耳机时的舒适度进行主观检验；通过建立外耳 – 耳机有限元仿真分析模型，以等效应力云图分布均匀程度、应力值等指标对用户佩戴耳机时的舒适度进行客观检验，检验结果指出基于耳甲腔曲面形态模型库的入耳式耳机曲面造型设计能够满足用户的佩戴需求，具备抗滑落性的同时也有较好的舒适度，而当某一组别的成员佩戴其他组别型号的入耳式耳机时，其佩戴需求无法得到满足，从而验证了本书构建的入耳式耳机曲面造型批量定制设计方法的有效性。

# 第七章

# 入耳式耳机批量定制设计方法

入耳式耳机批量定制设计方法的核心是将获取的目标用户耳甲腔曲面形态数据与耳甲腔曲面形态模型库中的分类形态进行配对，以找到适合目标用户佩戴的入耳式耳机型号，配对的理论基础是曲面形态的识别模型。本章分别基于 K 近邻（KNN）算法和概率神经网络（PNN）算法构建了耳甲腔曲面形态的识别模型，通过比较两种模型的识别准确率，确定了基于耳甲腔曲面形态 PNN 识别模型和耳甲腔曲面形态模型库的入耳式耳机批量定制设计方法，最后对该方法的可行性进行了验证。

## 7.1 基于 KNN 算法的耳甲腔曲面形态识别模型

### 7.1.1 模型的构建

本书在 2.4.1 节已对 KNN 算法的基本原理做了详细阐述。依据该原理，基于 KNN 算法的耳甲腔曲面形态识别模型的基本思路为：计算测试样本曲面中 795 个型值点与各训练样本对应型值点的距离（图 7-1），从所有距离值中找出 $K$ 个距离最近的样本，如果 $K$ 个样本中绝大多数属于同一个类别，那么该测试样本就属于该类别。若求得的类别结果与测试样本实际类别一致，则认为识别正确，否则认为误别错误。

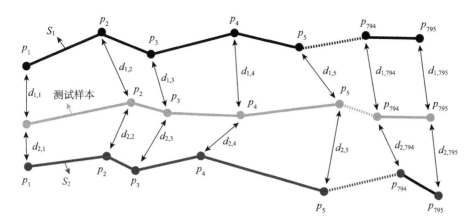

图 7-1　基于 KNN 算法的耳甲腔曲面形态识别模型的原理

基于 KNN 算法的耳甲腔曲面形态识别模型具体框架结构如图 7-2 所示，具体实现步骤如下：

（1）确定训练样本与测试样本的数量：本节选择所有 305 个样本中的 218 个样本作为训练样本（见表 7-1），选择剩余 87 个样本作为测试样本，并对测试样本进行编号，将各样本的 795 个型值点的三维坐标值作为输入变量，将样本曲面形态所属类别作为输出变量。

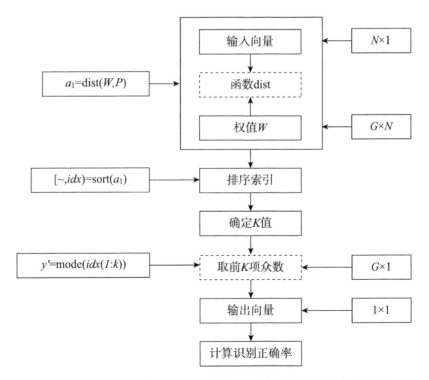

图 7-2　基于 KNN 算法的耳甲腔曲面形态识别模型的框架结构图

图 7-2 中，$N$ 表示 1 个测试样本的维数，$G$ 表示训练样本的数量，权值 $W$ 即为各训练样本。

表 7-1　各类别训练样本数量与测试样本数量

| 组别 | 训练样本数量/个 | 测试样本数量/个 | 组别 | 训练样本数量/个 | 测试样本数量/个 | 组别 | 训练样本数量/个 | 测试样本数量/个 |
|---|---|---|---|---|---|---|---|---|
| No.1 | 49 | 17 | No.11 | 5 | 2 | No.21 | 2 | 1 |
| No.2 | 24 | 8 | No.12 | 4 | 2 | No.22 | 2 | 1 |
| No.3 | 22 | 8 | No.13 | 3 | 2 | No.23 | 1 | 1 |
| No.4 | 16 | 6 | No.14 | 3 | 1 | No.24 | 1 | 1 |
| No.5 | 15 | 6 | No.15 | 3 | 2 | No.25 | 2 | 1 |
| No.6 | 11 | 4 | No.16 | 3 | 1 | No.26 | 1 | 1 |
| No.7 | 11 | 4 | No.17 | 3 | 2 | No.27 | 1 | 1 |
| No.8 | 9 | 3 | No.18 | 3 | 1 | No.28 | 1 | 1 |
| No.9 | 9 | 3 | No.19 | 3 | 2 | No.29 | 1 | 1 |
| No.10 | 7 | 3 | No.20 | 3 | 1 | | | |

（2）计算各测试样本到训练样本的距离：分别计算测试样本曲面中 795 个型值点到各训练样本曲面中对应 795 个型值点的距离，见式（7-1）。因为共有 218 个训练样本，所以对于一个测试样本而言，可计算得到 218 个距离值。

$$d(s_t, s_i) = \|s_t - s_i\| = \sqrt{\sum_{k=1}^{m} \left| s_{t,k} - s_{i,k} \right|^2} \qquad (7\text{-}1)$$

式中，$s_t$ 为测试样本，$t = 1, 2, \cdots, 87$，$s_i$ 为训练样本，$i = 1, 2, \cdots, 218$，$s_{t,k}$ 为第 $t$ 个测试样本的第 $k$ 个型值点的三维坐标值，$s_{i,k}$ 为第 $i$ 个训练样本的第 $k$ 个型值点的三维坐标值，$m = 795$。

（3）$K$ 值的确定：文献[151]指出，KNN 算法对样本库的容量依赖性较强，在实际应用中有很对类别无法提供充足数量的训练样本，这使得 KNN 算法所需要的相对均匀的特征空间条件无法得到满足，从而导致识别误差较大。当某一类别的样本容量较大，其他类别的样本容量较小时，可能出现一个待测样本输入时，该样本 $K$ 个邻居中大容量类别的样本占多数，从而导致样本被错误识别的情况。如图 7-3 所示，当 $K=6$ 时，测试样本 $S_t$ 被归为类别 $C_2$，而实际上该样本与类别 $C_1$ 的相似度更高。由此可见，KNN 算法的识别精度与 $K$ 值的取值有较大的关系，选择最佳的 $K$ 值是提高识别精度的关键。因此，本节将试验不同 $K$ 值下模型的识别效果，以识别精度作为最佳 $K$ 值的评判标准。

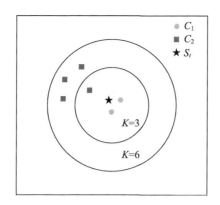

图 7-3 KNN 算法中 $K$ 值对识别精度的影响

（4）计算不同 $K$ 值下耳甲腔曲面形态 KNN 模型识别的准确率：根据各测试样本的预测类别与其实际类别的对比，即可找到被错误预测的样本数量，从而计算得到识别正确率。

## 7.1.2 模型的测试结果

图 7-4 所示为不同 $K$ 值下耳甲腔曲面形态 KNN 模型识别效果图：当 $K$ 值为 2 时，共有 22 个样本被预测错误；当 $K$ 值为 3 时，共有 20 个样本被预测错误；当 $K$ 值为 4 时，共有 17 个样本被预测错误；当 $K$ 值为 5 时，共有 19 个样本被预测错误；当 $K$ 值为 6 时，共有 23 个样本被预测错误；当 $K$ 值为 7 时，共有 22 个样本被预测错误。图 7-5 为不同 $K$ 值下耳甲腔曲面形态 KNN 模型的识别精度，分别为 74.7%、77%、80.5%、78.2%、73.6%、74.7%。由此可知，当 $K$ 值为 4 时，耳甲腔曲面形态 KNN 模型识别的准确率最高，但其识别准确率并不理想。导致识别准确率不高的原因，可能为很多类别的样本数量不够充足，无法满足 KNN 算法本身对样本容量的要求。

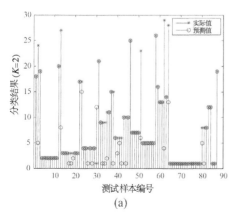

(a)

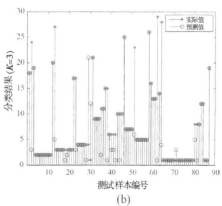

(b)

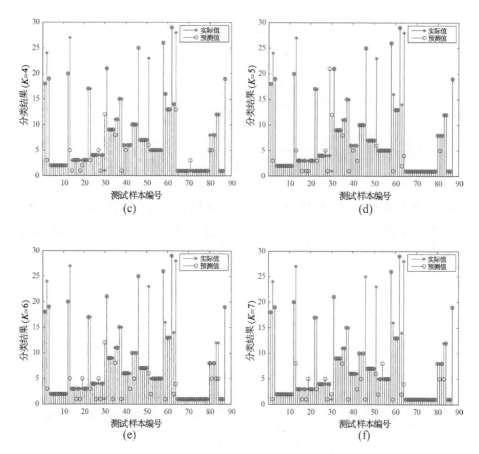

图7-4　不同 *K* 值下耳甲腔曲面形态 KNN 模型识别效果图

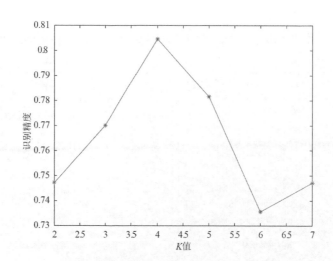

图7-5　不同 *K* 值下耳甲腔曲面形态 KNN 模型的识别精度

## 7.2　基于 PNN 算法的耳甲腔曲面形态识别模型

### 7.2.1　模型的构建

本书在 2.4.1 节已对 PNN 算法的基本原理做了详细的阐述，为达到依据 795 个型值点预测耳甲腔曲面形态所属类别的目的，本节采用 Matlab R2014a 进行网络函数的编程，以实现基于 PNN 算法的耳甲腔曲面形态识别模型的构建、训练与测试。图 7-6 所示为 PNN 采用 Matlab R2014a 实现的框架结构。

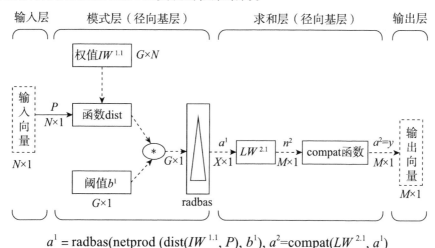

$$a^1 = \mathrm{radbas}(\mathrm{netprod}\,(\mathrm{dist}(IW^{1.1}, P), b^1)), \quad a^2 = \mathrm{compat}(LW^{2.1}, a^1)$$

**图 7-6　Matlab 中的概率神经网络结构**[153]

图 7-6 中，$N$ 表示输入向量的维数，$G$ 表示训练样本的数量或者中心向量的数目，$IW^{1.1}$ 表示模型径向基神经元层的中心向量或者权值，$b^1$ 表示径向基神经元层的阈值，$b^1 = \dfrac{1}{\sqrt{2}\,\sigma}$，$\sigma$ 为平滑因子。径向基层用 dist 函数（即为欧式距离函数）计算加权输入，用 netprod 函数计算网络输入，用 radbas 高斯径向基传递函数得到模式层的输出，并将其传至求和层。

概率神经网络的模式层采用高斯函数作为网络的传递函数，每一个模式层中的神经元对应一个训练样本。输入的新样本与每个神经元进行计算，其本质是求出新样本与该神经元对应样本的概率。将模式层中的同类神经元输入求和层神经元中，计算出该样本所属类别的概率，输出层则将最大概率值所对应的类别作为输出。基于概率神经网络的耳甲腔曲面形态识别模型的具体构建如下：

（1）输入变量的确定：将构成耳甲腔曲面模型的 795 个型值点的三维坐标值作为 PNN 识别模型的输入变量。

（2）输出变量的确定：将样本耳甲腔曲面形态所属类别作为 PNN 识别模型的输出变量，类别的数目为 29。

（3）模型函数的确定：Matlab 软件中提供了较多的神经网络工具箱，PNN 网络的设计可直接调用工具箱所提供的函数 newpnn，函数的语句格式见式（7-2）[153]。

$$net = \mathrm{newpnn}(\boldsymbol{P}, \boldsymbol{T}, SPREAD) \tag{7-2}$$

式中，$\boldsymbol{P}$ 为 $N \times Q$ 阶矩阵，代表 PNN 模型中拥有 $Q$ 个输入向量；$\boldsymbol{T}$ 为 $S \times Q$ 阶矩阵，代表 PNN 模型中拥有 $Q$ 个目标类别的向量；$SPREAD$ 表示径向基函数的散布常数，也有文献称其为分布密度或者扩散系数。Matlab 中缺省值为 1，定义平滑因子 $\sigma$：

$$\sigma = \frac{\sqrt{\log(2)}}{SPREAD} \tag{7-3}$$

其中，核心程序为：

$$
\begin{aligned}
\boldsymbol{P} &= [\text{输入向量}] \\
\boldsymbol{T} &= [\text{输出向量}] \\
net &= \mathrm{newpnn}(\boldsymbol{P}, \boldsymbol{T}, SPREAD) \\
Y &= \mathrm{sim}(net, \boldsymbol{P}) \\
Y_c &= \mathrm{vec2ind}(Y)
\end{aligned} \tag{7-4}
$$

（4）模型中 $SPREAD$ 取值的确定：PNN 模型的识别精度以及性能直接受 $SPREAD$ 取值大小的影响，如果 $SPREAD$ 的值无限接近于 0，那么网络相当于最邻近分类器，随着 $SPREAD$ 值的增大，函数就越光滑，但对于目标的接近就越不稳定，即网络的识别精度变差。若 $SPREAD$ 参数设计得过小，意味着需要更多的神经元来验证函数的缓慢变化，则训练时间会变长，网络的性能亦会受到影响。在设计构建 PNN 网络时，可通过改变 $SPREAD$ 的取值来确定一个最优值。在程序运行的过程中，如果出现 "Rank Deficient" 警告，那么表明需要重新设定 $SPREAD$ 的值[157]，可根据实际情况适当减小取值的范围以达到优化网络的目的。从 PNN 网络模型训练时间的视角出发，扩散系数的值越大，模型扩散速度越快，则训练的时间越短；从网络训练精度的角度出发，扩散系数的值越小，分类的结果越理想，识别精度则越高。本节将在综合考虑网络的训练时间和训练精度的基础上，用重复试验的方法确定最佳 $SPREAD$ 值。

## 7.2.2 模型的训练与测试

为能与耳甲腔曲面形态 KNN 识别模型的识别正确率进行对比，本节选择与耳甲曲面形态 KNN 识别模型数量一致的训练与测试样本（表 7-1）对 PNN 模型进行训练与测试，即 218 个训练样本和 87 个测试样本。

首先根据实际情况进行测试，初步确定 $SPREAD$ 的取值范围在 [1.0, 2.5] 区间内，然后根据最终的训练效果确定最佳的 $SPREAD$ 值。图 7-7 和图 7-8 分别给出了当 $SPREAD$ 取值为 2 时的 PNN 模型训练效果图和训练误差图，从图中可以看出有 5 个样本预测结果与实际类别不符合。继续修改 $SPREAD$ 的值，当设定 $SPREAD = 1.7$ 时，PNN 模型中依然有 2 个样本的预测结果与实际类别不符合。

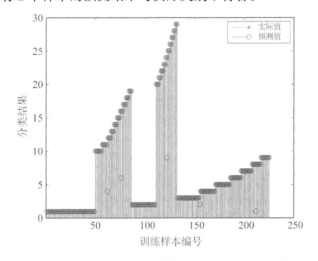

图 7-7 PNN 模型训练效果图（$SPREAD = 2$）

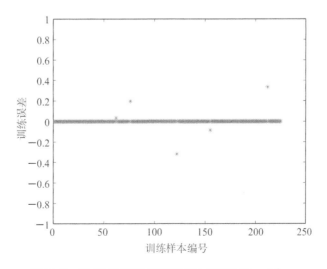

图 7-8 PNN 模型训练误差图（$SPREAD = 2$）

图 7-9 和图 7-10 分别为 $SPREAD = 1.1$ 时，PNN 模型训练的效果图和误差图，从图中可以看出没有样本出现错误，训练的精度达到 100%。

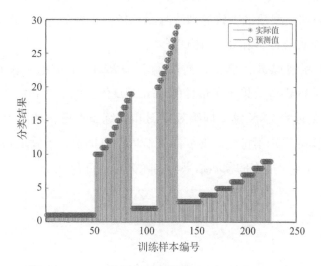

图 7-9　PNN 模型训练效果图（$SPREAD = 1.1$）

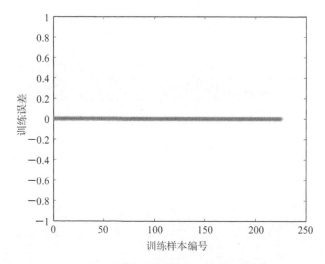

图 7-10　PNN 模型训练误差图（$SPREAD = 1.1$）

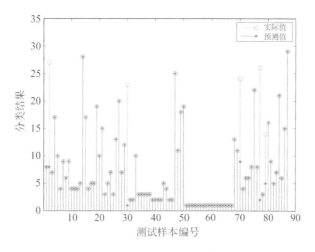

**图 7-11　耳甲腔曲面形态 PNN 识别模型的识别效果图**

　　获得优异的训练效果后，利用 87 个测试样本对 PNN 模型进行测试，以获得 PNN 模型的测试准确率，即耳甲腔曲面形态识别准确率。如图 7-11 所示，测试结果中共有 5 个样本被误判，分别为：将第 27 类的样本误判到第 8 类；将第 23 类的样本误判到第 1 类；将第 24 类的样本误判到第 9 类；将第 26 类的样本误判到第 2 类；将第 14 类的样本误判到第 5 类。本节共有 87 个样本参与 PNN 模型的预测识别，共有 5 个样本被误判，由此可知基于 PNN 模型的耳甲腔曲面形态总识别率为 94.3%，识别精度较为理想。

　　通过观察可发现 5 个被误判类别的样本，主要集中在人数较少的类别组，这些组内的耳甲腔形态较为特殊，在整体人群中出现的概率较低。而 PNN 模型在训练时，只有当训练样本量足以表征该类别组的基本特征时，PNN 模型才能获得叶贝斯准则下的最优解，才能提高模型的识别率和泛化能力。因此，在后续的研究中需要有针对性地采集和扩充该类别组样本数量，以提高识别精度。

# 7.3　入耳式耳机批量定制设计方法的确定与验证

　　通过对两种耳甲腔曲面形态识别模型识别准确率的对比（分别为 80.4% 和 94.3%），最终确定将耳甲腔曲面形态 PNN 识别模型作为入耳式耳机批量定制设计时目标样本模型识别的技术手段。

　　入耳式耳机曲面造型批量定制设计的具体流程为（图 7-12）：（1）通过第三章中

构建的耳甲腔复杂曲面数据采集方法和关键特征点提取方法，获取用户耳甲腔三维模型，并提取其 11 个关键特征点；（2）通过第四章构建的曲面重构方法，对用户耳甲腔三角网格曲面进行重构处理，得到由 795 个型值点组成的 NURBS 曲面；（3）以 795 个型值点的三维坐标为数据基础，通过第七章构建的耳甲腔曲面形态 PNN 识别模型，将用户的耳甲腔曲面形态与第五章构建的针对入耳式耳机设计的耳甲腔曲面形态模型库进行分类匹配；（4）得到适合用户佩戴的入耳式耳机型号。

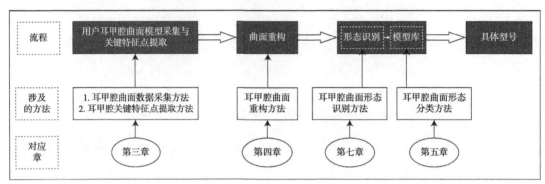

图 7-12　入耳式耳机批量定制设计的流程

表 7-2　新样本耳甲腔曲面形态的识别结果

| 测试样本编号 | 分类组别 | 测试样本编号 | 分类组别 | 测试样本编号 | 分类组别 |
|---|---|---|---|---|---|
| 1 | No.2 | 4 | No.1 | 7 | No.1 |
| 2 | No.2 | 5 | No.7 | 8 | No.18 |
| 3 | No.5 | 6 | No.1 | | |

为验证该方法的可行性，首先，本节随机采集和扫描了 8 个新的耳甲腔曲面模型，通过第三章提出的耳甲腔关键特征点提取方法，实现对新样本耳甲腔曲面模型关键特征点的自动和准确提取；通过本书第四章构建的基于 NURBS 曲面插值的耳甲腔曲面重构方法，实现对新样本耳甲腔曲面的自动重构（如图 7-13 所示）。然后，将每一个重构曲面模型中的 795 个型值点三维坐标数据输入识别模型中，识别结果见表7-2，其中有 3 个样本被分到 No.1 组别中，2 个样本被分到 No.2 组别中，其余 3 个样本被分别分到 No.5、No.7、No.18 组别中。

上述识别的可信度如何，可以用各新样本曲面与其隶属组别共性特征曲面间的误差进行分析。如图 7-14 所示，新样本 $S_1$、$S_2$ 曲面与组别 No.2 的共性特征曲面间的最大误差分别为 $-1.84$ mm 和 $1.58$ mm，新样本 $S_3$ 曲面与组别 No.5 的共性特征曲面间的最大误差为 $1.81$ mm，新样本 $S_4$、$S_6$、$S_7$ 曲面与组别 No.1 的共性特征曲面间的最大误差分别为 1.12 mm、−1.33 mm、−1.26 mm，新样本 $S_5$ 曲面与组别 No.7 的共性特征曲面间的最大误差为 −1.79 mm，新样本 $S_8$ 与组别 No.18 的共性特征曲面间的最大误差为 1.13 mm，由此可知各样本曲面与其隶属组别的共性特征曲面间的误差均较小，从而论证了耳甲腔曲面形态 PNN 识别模型的可靠性。最后，分别对各样本隶属组别的入耳式耳机（即每一组别的共性特征曲面）进行设计和 3D 打印，并让 8 位测试者进行佩戴，如图 7-15 所示，各样本佩戴其隶属组别的入耳式耳机模型时，入耳式耳机形状与耳甲腔外形整体吻合度较高，从而验证了基于耳甲腔曲面形态 PNN 识别模型的入耳式耳机批量定制设计方法的可行性。

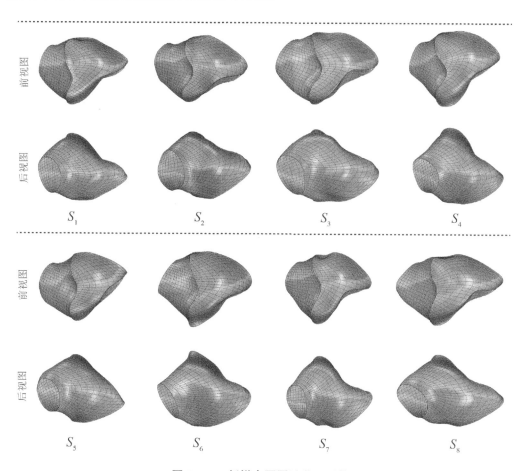

**图 7-13　新样本耳甲腔曲面重构**

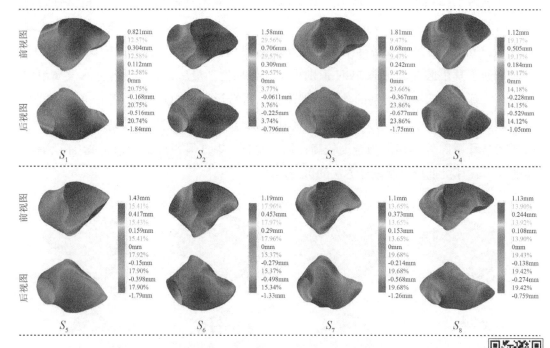

图 7-14　耳甲腔曲面与其隶属组别共性特征曲面间的误差分析

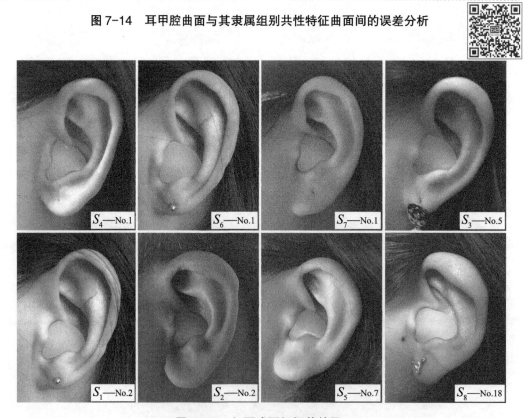

图 7-15　入耳式耳机佩戴效果

# 7.4　本章小结

　　本章首先通过 KNN 算法构建了耳甲腔曲面形态识别模型，利用 87 个测试样本和 218 个训练样本对模型进行测试，计算得到不同 $K$ 值下的模型识别最高正确率为 80.4%；其次，通过 PNN 算法构建了耳甲腔曲面形态识别模型，以 218 个样本为训练样本对模型进行训练，当 $SPREAD$ 取值为 1.1 时，获取较好的训练效果，进一步以 87 个测试样本对模型进行测试，计算得到识别准确率为 94.3%；最后，确定了基于耳甲腔曲面形态 PNN 识别模型和耳甲腔曲面形态模型库的入耳式耳机批量定制设计的方法，并通过新样本识别、新样本曲面与其隶属组别的共性特征曲面间的误差分析，以及入耳式耳机设计及佩戴测试，验证了该批量定制设计方法的可行性。

# 第八章

## 结论与展望

### 8.1  主要研究工作与创新性成果

本书研究以人性化设计为立意、以入耳式耳机为典型产品,基于逆向工程技术、三维扫描技术、曲面重构技术、层级聚类算法、模式识别算法,研究了一种以耳甲腔特征曲面为输入,以特征曲面重构、曲面形态分类、形态识别为技术手段的人耳相关产品曲面造型批量定制设计方法。研究成果解决了用户使用耳机时的舒适性需求和市场批量生产耳机需求之间的矛盾,考虑到了人、产品、市场环境三者之间的关系,在满足个体以及群体使用耳机时的生理特征、心理特征需求的同时,使得耳机产品易于组织批量化生产和人性化设计定制。

本书主要研究内容和完成的工作如下:

(1)提出了耳甲腔特征尺寸准确测量的方法。采集和扫描了 315 位年龄为 18—28 岁的中国青年男性及女性的外耳三维数据模型;完成对耳甲腔 11 个关键特征点的定义,并基于 NURBS 曲面曲率原理,提出耳甲腔关键特征点三维坐标自动和准确提取的方法;通过数理统计分析的方法,对该年龄阶段中国青年人耳甲腔双边差异、性别差异等进行系统分析,指出耳甲腔形状尺寸存在个体、性别、种族差异,针对中国青年人的人耳相关产品造型设计不能依据国外的测量数据。

(2)提出了获取复杂曲面型值点的"双向一阶轮廓线重构"法。该方法能将不同样本的耳甲腔曲面三角网格模型用相同数量、相同性质的型值点进行统一描述,以便对耳甲腔曲面进行聚类分析与识别;在此基础上利用 NURBS 曲面插值方法对耳甲腔曲面进行重构;通过曲面误差分析、曲面曲率分析、曲面斑马纹理分析的方法,得出了该方法重构精度高、连续性及光顺度好、能生成具有相同拓扑结构的不同样本耳甲腔 NURBS 曲面模型的结论。

(3)提出了适用于耳甲腔曲面形态分类的改进层级聚类算法,构建了针对入耳式耳机设计的耳甲腔曲面形态模型库。采用改进层级聚类算法，将中国青年人耳甲腔曲面形态分为 29 组；以相同的阈值设定条件为基础，通过与传统层级聚类算法结果的对比，论证了改进算法的优势；利用 NURBS 曲面插值方法，计算得到每一聚类组别的耳甲腔共性特征曲面，构建了针对入耳式耳机设计的中国青年人耳甲腔曲面形态模型库；最后通过组内样本及组间样本曲面间的误差分析对改进层级聚类算法结果的可靠性进行了验证。

（4）建立了入耳式耳机人性化设计结果的验证方法。依据本书所构建的耳甲腔曲面形态模型库，对入耳式耳机进行设计与 3D 打印，通过佩戴及运动测试，对耳机的抗滑落性以及用户佩戴耳机时的主观舒适性进行检验；建立了基于外耳－耳机有限元仿真分析的入耳式耳机佩戴舒适性客观验证方法，验证结果论证了本书构建的人耳相关产品曲面造型批量定制设计方法的有效性。

（5）提出了基于耳甲腔曲面形态模型库和耳甲腔曲面形态 PNN 识别模型的入耳式耳机批量定制设计方法。分别利用 K 近邻（KNN）算法和概率神经网络（PNN）算法构建了耳甲腔曲面形态识别模型以及耳甲腔曲面形态识别的训练和测试模型，计算得出了 PNN 模型对耳甲腔曲面形态识别准确率较高的结论；在此基础上建立了基于耳甲腔曲面形态 PNN 识别模型与耳甲腔曲面形态模型库的入耳式耳机批量定制设计方法，定制设计实例验证了该方法的可行性。

（6）基于上述理论和方法，本书研究中采用了 Rhinoceros 软件的脚本开发插件 Rhino-Script、科学计算语言 Matlab、统计分析软件 SPSS 以及有限元分析软件 Abaqus 分别进行曲面模型表面数据的提取、曲面形态聚类与识别计算、数据的统计与误差分析、外耳－耳机的接触应力仿真分析，分别采用 Rhinoceros 和 Catia 软件进行耳甲腔曲面模型的处理与曲面间的误差分析，得出了大量数据和图表，为外耳相关产品的设计提供了依据。

本书取得的创新性成果包括：

（1）系统定义了耳甲腔的 11 个关键特征点和 10 个特征尺寸，提出了从 3D 耳印模型上自动、准确提取耳甲腔关键特征点三维坐标，进而得到特征尺寸的方法；通过数理统计分析得出了中国青年人耳甲腔存在个体、性别差异及与种族差异，指出针对中国人的人耳相关产品造型设计不能依据国外的测量数据。

（2）为了将不同样本的耳甲腔三角网格模型用相同数量、相同性质的型值点统一描述，提出了获取复杂曲面型值点的"双向一阶轮廓线重构"法，得到了具有相同拓扑结构的不同样本耳甲腔 NURBS 曲面模型。重构曲面品质分析表明该方法重构精度高、连续性及光顺度好。

（3）提出了适用于耳甲腔曲面形态分类的改进层级聚类算法。计算结果表明，在相同的阈值条件下，该方法具有组内曲面误差小、样本聚集度高、归类样本比例高、分组少等优点；求得了每一聚类组别的耳甲腔共性特征曲面，首次构建了针对入耳式耳机设计的中国青年人耳甲腔曲面形态模型库。

（4）基于耳甲腔曲面的型值点，分别利用 K 近邻（KNN）算法和概率神经网络（PNN）算法构建了耳甲腔曲面形态识别模型，计算得出了 PNN 模型识别准确率较高的结论，进而构建了基于耳甲腔曲面形态模型库和 PNN 识别模型的入耳式耳机批量定制设计方法，定制设计实例验证了该方法的可行性。

## 8.2　研究展望

（1）本书主要采集和研究了来自中国不同省份和地区、年龄为 18—28 岁的 315 位青年男性和女性的耳甲腔曲面形态，相关医学研究文献指出不同年龄阶段外耳形状尺寸之间亦存在差异。在后续的研究中，还需进一步采集和研究不同年龄阶段的耳甲腔曲面形态，特别是老年人耳甲腔曲面形态的差异，一方面完善中国人耳甲腔形状尺寸模型库，另一方面对老年人助听器产品曲面造型批量定制设计方法展开研究。

（2）本书采用概率神经网络算法对耳甲腔曲面形态进行识别，该算法应保证每组样本有足够的数量，但本书个别组的样本数量较少，会影响识别的准确度。在后续的研究中需要有针对性地增加样本数量，对识别模型进行训练，以提高识别精度。

（3）本书以耳甲腔曲面为研究基础，研究并构建了一套完整的人耳相关产品曲面造型批量定制设计方法。在未来研究工作中还需要依据研究成果搭建一套完整的软件系统平台，以方便耳机生产商及相关设计人员的操作。另外，本书研究仅涉及入耳式耳机的外壳曲面造型，在入耳式耳机的结构、生产工艺、声学等方面，还需要与相关专业技术人员合作展开研究，以制造出实际的商品，切实服务于用户。

# 参考文献

［1］杨正.工业产品造型设计［M］.武汉：武汉大学出版社，2003.

［2］丁玉兰.人机工程学［M］.5版.北京：北京理工大学出版社，2017.

［3］Tong Y Q. Extraction of humanized design in industrial design application ［J］. Applied Mechanics and Materials, 2014, 681：275-278.

［4］王文军.飞机驾驶舱人机工效设计与综合评估关键技术［D］.西安：西北工业大学，2015.

［5］Wang W J, Yu S H, Chu J J. Fatigue and comfortableness analysis in product design ［J］. Applied Mechanics and Materials, 2013, 464：406-410.

［6］姜宏.大尺寸复杂零件反求关键技术研究及应用［D］.乌鲁木齐：新疆大学，2012.

［7］周冰.外鼻缺损修复的个性化三维仿真设计及快速成型研究［D］.西安：第四军医大学，2008.

［8］吴怀宇.3D打印：三维智能数字化创造［M］.北京：电子工业出版社，2014.

［9］胡钢.带参广义 Bézier 曲线曲面的理论及应用研究［D］.西安：西安理工大学，2016.

［10］Ferguson J. Multivariable curve interpolation ［J］. Journal of the ACM,1964,11（2）:221-228.

［11］Ferguson J. Multivariable curve interpolation ［J］. Journal of the ACM, 1964, 11（2）：221-228.

［12］Coons S A. Surfaces for computer-aided design of space figures ［R］.Cambridge, MA, USA:1964.

［13］Coons S A. Surfaces for computer-aided design of space forms ［R］. Defense Technical Information Center, 1967.

［14］Bézier P. Numerical Control：Mathematics and Applications［M］. New York：John Wiley and Sons, 1972.

［15］Carl D B. On calculating with B-splines［J］. Journal of Approximation Theory, 1972, 6（1）：50-62.

［16］Gordon W J,Riesenfeld R F. Bernstein-bézier methods for the computer-aided design of free-form curves and surfaces［J］. Journal of the ACM, 1974, 21（2）：293-310.

［17］Versprille K J. Computer-aided design applications of the rational B-spline approximation form［D］.Syracuse：Syracuse University , 1975.

［18］Piegl L, Tiller W. Curve and surface constructions using rational B-splines［J］. Computer-Aided Design, 1987, 19（9）：485-498.

［19］Tiller W. Knot-removal algorithms for NURBS curves and surfaces［J］. Computer-Aided Design, 1992, 24（8）：445-453.

［20］Farin G. From conics to NURBS：A tutorial and survey［J］. IEEE Computer Graphics and Applications, 1992, 12（5）：78-86.

［21］孟凡文. 面向光栅投影的点云预处理与曲面重构技术研究［D］.南昌：南昌大学, 2010.

［22］李晓捷. 基于深度相机的三维人体重建及在服装展示方面的技术研究［D］.天津：天津工业大学, 2016.

［23］Pang T Y, Babalija J, Perret-Ellena T, et al. User centred design customisation of bicycle helmets liner for improved dynamic stability and fit［J］. Procedia Engineering, 2015, 112：85-91.

［24］Pang T Y, Lo T S T, Ellena T, et al. Fit, stability and comfort assessment of custom-fitted bicycle helmet inner liner designs, based on 3D anthropometric data［J］. Applied Ergonomics, 2018, 68：240-248.

［25］Ellena T, Subic A, Mustafa H, et al. The Helmet Fit Index -An intelligent tool for fit assessment and design customisation［J］. Applied Ergonomics, 2016, 55：194-207.

［26］Perret-Ellena T, Skals S L, Subic A, et al. 3D anthropometric investigation of head and face characteristics of Australian cyclists［J］. Procedia Engineering, 2015, 112：98-103.

［27］Mustafa H, Pang T Y, Perret-Ellena T, et al. Finite element bicycle helmet models development［J］. Procedia Technology, 2015, 20：91-97.

［28］Stanković K, Booth B G, Danckaers F, et al. Three-dimensional quantitative analysis of healthy foot shape：A proof of concept study［J］. Journal of Foot and Ankle Research,

2018, 11：8.

［29］Piperi E, Galantucci L M, Shehi E, et al. From 3D foot scans to footwear designing & production［C］. Albania：International Textile Conference , 2014：1-9.

［30］Telfer S, Woodburn J. The use of 3D surface scanning for the measurement and assessment of the human foot［J］. Journal of Foot and Ankle Research, 2010, 3（1）：1-9.

［31］Lochner S J, Huissoon J P, Bedi S S. Parametric design of custom foot orthotic model［J］. Computer-Aided Design and Applications, 2012, 9（1）：1-11.

［32］Jumani M S, Shaikh S, Siddiqi A A. Cost modeling for fabrication of custom-made foot orthoses using 3D printing technique［J］. SINDH University Research Journal, 2016, 48（2）：343-348.

［33］Wang C S. An analysis and evaluation of fitness for shoe lasts and human feet［J］. Computers in Industry, 2010, 61（6）：532-540.

［34］Lee W, Yang X P, Jung H, et al. Application of massive 3D head and facial scan datasets in ergonomic head-product design［J］. International Journal of the Digital Human, 2016, 1（4）：344.

［35］Luximon Y, Ball R M, Chow E H C. A design and evaluation tool using 3D head templates［J］. Computer-Aided Design and Applications, 2016, 13（2）：153-161.

［36］Abtew M A, Bruniaux P, Boussu F, et al. Development of comfortable and well-fitted bra pattern for customized female soft body armor through 3D design process of adaptive bust on virtual mannequin［J］. Computers in Industry, 2018, 100：7-20.

［37］Abtew M A, Bruniaux P, Boussu F, et al. Female seamless soft body armor pattern design system with innovative reverse engineering approaches［J］. The International Journal of Advanced Manufacturing Technology, 2018, 98（9/10/11/12）：2271-2285.

［38］Zhang D L, Wang J, Yang Y P. Design 3D garments for scanned human bodies［J］. Journal of Mechanical Science and Technology, 2014, 28（7）：2479-2487.

［39］Tao X Y, Chen X, Zeng X Y, et al. A customized garment collaborative design process by using virtual reality and sensory evaluation on garment fit［J］. Computers & Industrial Engineering, 2018, 115：683-695.

［40］Lacko D, Huysmans T, Parizel P M, et al. Evaluation of an anthropometric shape model of the human scalp［J］. Applied Ergonomics, 2015, 48：70-85.

［41］Lacko D, Vleugels J, Fransen E, et al. Ergonomic design of an EEG headset using 3D anthropometry［J］. Applied Ergonomics, 2017, 58：128-136.

［42］Verwulgen S, Lacko D, Vleugels J, et al. A new data structure and workflow for using 3D anthropometry in the design of wearable products［J］. International Journal of Industrial Ergonomics, 2018, 64: 108−117.

［43］Chu C H, Wang I J, Wang J B, et al. 3D parametric human face modeling for personalized product design: Eyeglasses frame design case［J］. Advanced Engineering Informatics, 2017, 32: 202−223.

［44］Chu C H, Wang I J. Mass customized design of cosmetic masks using three-dimensional parametric human face models constructed from anthropometric data［J］. Journal of Computing and Information Science in Engineering, 2018, 18（3）: 1−12.

［45］Chu C H, Huang S H, Yang C K, et al. Design customization of respiratory mask based on 3D face anthropometric data［J］. International Journal of Precision Engineering and Manufacturing, 2015, 16（3）: 487−494.

［46］Tseng C Y, Wang I J, Chu C H. Parametric modeling of 3D human faces using anthropometric data［C］//2014 IEEE International Conference on Industrial Engineering and Engineering Management. Negeri Selangor: IEEE, 2014: 491−495.

［47］Zhuang Z Q, Shu C, Xi P C, etal. Head-and-face shape variations of US civilian workers［J］. Applied Ergonomics, 2013, 44（5）: 775−784.

［48］Allen B, Curless B, Popović Z. The space of human body shapes［J］. ACM Transactions on Graphics, 2003, 22（3）: 587−594.

［49］Baek S Y, Lee K. Parametric human body shape modeling framework for human-centered product design［J］. Computer-Aided Design, 2012, 44（1）: 56−67.

［50］Cheng Z Q, Chen Y, Martin R R, et al. Parametric modeling of 3D human body shape: A survey［J］. Computers & Graphics, 2018, 71: 88−100.

［51］董智佳. 经编无缝服装的计算机辅助设计［D］. 无锡: 江南大学, 2015.

［52］Liu K X, Zeng X Y, Wang J P, et al. Parametric design of garment flat based on body dimension［J］. International Journal of Industrial Ergonomics, 2018, 65: 46−59.

［53］修毅, 王银辉. 数字人体模型中腰部剖面曲线参数化变形算法［J］. 纺织学报, 2017, 38（4）, 38: 97−102.

［54］钮建伟. 面向适配设计的三维人体数据多分辨率描述与聚类分析［D］. 北京: 清华大学, 2009.

［55］Niu J W, Li Z Z. Using three-dimensional anthropometric data in design［M］. New York: Springer, 2012: 3001−3013.

［56］Vinué G, Simó A, Alemany S. The K-means algorithm for 3D shapes with an application to apparel design［J］. Advances in Data Analysis and Classification, 2016, 10（1）：103-132.

［57］倪世明. 基于纵截面曲线形态的青年女性体型细分研究［J］. 纺织学报, 2014, 35（8）：87-93.

［58］庞程方. 基于横截面形态的青年男性体型细分与识别研究［D］. 杭州：浙江理工大学, 2015.

［59］金娟凤, 孙洁, 倪世明, 等. 基于三维人体测量的青年女性臀部体型细分［J］. 纺织学报, 2013, 34（9）：108-112.

［60］金娟凤, 庞程方, 陈伟杰, 等. 青年男性肩点横截面曲线及其体型细分［J］. 纺织学报, 2016, 37（8）：100-106.

［61］邓椿山, 李琴, 周莉, 等. 体型分析在观测服装号型适应性上的应用［J］. 纺织学报, 2017, 38（1）：111-115.

［62］姚怡, 马静, 吴欢, 等. 基于小波系数的青年女性体型分类及原型纸样［J］. 纺织学报, 2017, 38（12）：119-123.

［63］夏明, 陈益松, 张文斌. 基于椭圆傅里叶的人体胸围断面形状研究［J］. 纺织学报, 2014, 35（7）：107-112.

［64］Lee Y C, Wang M J. Taiwanese adult foot shape classification using 3D scanning data［J］. Ergonomics, 2015, 58（3）：513-523.

［65］Lee Y C, Kouchi M, Mochimaru M, et al. Comparing 3d foot shape models between Taiwanese and Japanese females［J］. Journal of Human Ergology, 2015, 44（1）：11-20.

［66］Lee Y C, Chao W Y, Wang M J. Developing a new foot shape and size system for Taiwanese females［M］//The 19th International Conference on Industrial Engineering and Engineering Management. Berlin, Heidelberg：Springer, 2013：959-968.

［67］Baek S Y, Lee K. Statistical foot-shape analysis for mass-customisation of footwear［J］. International Journal of Computer Aided Engineering and Technology, 2016, 8（1/2）：80.

［68］Ellena T, Subic A, Mustafa H, et al. A novel hierarchical clustering algorithm for the analysis of 3D anthropometric data of the human head［J］. Computer-Aided Design and Applications, 2018, 15（1）：25-33.

［69］Ellena T, Skals S, Subic A, et al. 3D digital headform models of Australian cyclists［J］. Applied Ergonomics, 2017, 59：11-18.

［70］Ellena T, Mustafa H, Subic A, et al. A design framework for the mass customisation of custom-fit bicycle helmet models［J］. International Journal of Industrial Ergonomics, 2018, 64: 122-133.

［71］Ellena T. Automatic parametric digital design of custom-fit bicycle helmets based on 3D anthropometry and novel clustering algorithm［D］. Melbourne: RMIT University, 2017.

［72］Lacko D, Huysmans T, Vleugels J, et al. Product sizing with 3D anthropometry and k-medoids clustering［J］. Computer-Aided Design, 2017, 91: 60-74.

［73］Skals S, Ellena T, Subic A, et al. Improving fit of bicycle helmet liners using 3D anthropometric data［J］. International Journal of Industrial Ergonomics, 2016, 55: 86-95.

［74］王珊珊, 王蕾, 朱博, 等. 基于 SolidWorks 的在职男性颈部三维模型［J］. 纺织学报, 2015, 36（4）: 107-112.

［75］王珊珊. 基于男子颈部三维模型的服装压感舒适性研究［D］. 无锡: 江南大学, 2017.

［76］Liu K X, Zeng X Y, Bruniaux P, et al. Fit evaluation of virtual garment try-on by learning from digital pressure data［J］. Knowledge-Based Systems, 2017, 133: 174-182.

［77］Lin Y L, Choi K F, Luximon A, et al. Finite element modeling of male leg and sportswear: Contact pressure and clothing deformation［J］. Textile Research Journal, 2011, 81（14）: 1470-1476.

［78］Huang H Q, Mok P Y, Kwok Y L, et al. Block pattern generation: From parameterizing human bodies to fit feature-aligned and flattenable 3D garments［J］. Computers in Industry, 2012, 63（7）: 680-691.

［79］Caravaggi P, Giangrande A, Lullini G, et al. In shoe pressure measurements during different motor tasks while wearing safety shoes: The effect of custom made insoles vs. prefabricated and off-the-shelf［J］. Gait & Posture, 2016, 50: 232-238.

［80］Franciosa P, Gerbino S, Lanzotti A, et al. Improving comfort of shoe sole through experiments based on CAD-FEM modeling［J］. Medical Engineering & Physics, 2013, 35（1）: 36-46.

［81］Sun S P, Chou Y J, Sue C C. Classification and mass production technique for three-quarter shoe insoles using non-weight-bearing plantar shapes［J］. Applied Ergonomics, 2009, 40（4）: 630-635.

［82］Lee W, Yang X P, Jung D, et al. Ergonomic evaluation of pilot oxygen mask designs［J］. Applied Ergonomics, 2018, 67: 133-141.

［83］Dai J C, Yang J Z, Zhuang Z Q. Sensitivity analysis of important parameters affecting contact pressure between a respirator and a headform［J］. International Journal of Industrial Ergonomics, 2011, 41（3）: 268−279.

［84］Yang J Z, Dai J C, Zhuang Z Q. Simulating the interaction between a respirator and a headform using LS-DYNA［J］. Computer-Aided Design and Applications, 2009, 6（4）: 539−551.

［85］Lei Z P, Yang J Z, Zhuang Z Q. Contact pressure study of N95 filtering face-piece respirators using finite element method［J］. Computer-Aided Design and Applications, 2010, 7（6）: 847−861.

［86］Lei Z P, Yang J Z, Zhuang Z Q. Headform and N95 filtering facepiece respirator interaction: Contact pressure simulation and validation［J］. Journal of Occupational and Environmental Hygiene, 2012, 9（1）: 46−58.

［87］朱兆华, 吉晓民, 高瞩, 等. 人耳曲面特征点提取与形状分类方法研究及应用［J］. 机械科学与技术, 2018, 37（3）: 409−417.

［88］Lee W, Jung H, Bok I, et al. Measurement and application of 3D ear images for earphone design［J］. Proceedings of the Human Factors and Ergonomics Society Annual Meeting, 2016, 60（1）: 1053−1057.

［89］Wang B, Dong Y, Zhao Y M, et al. Computed tomography measurement of the auricle in Han population of North China［J］. Journal of Plastic, Reconstructive & Aesthetic Surgery, 2011, 64（1）: 34−40.

［90］Zhao S C, Li D G, Liu Z Z, et al. Anthropometric growth study of the ear in a Chinese population［J］. Journal of Plastic, Reconstructive & Aesthetic Surgery, 2018, 71（4）: 518−523.

［91］Ma L, Tsao L X, Yu C, et al. A quick method to extract earphone-related ear dimensions using Two-Dimensional image［J］. Advances in Ergonomics in Design, 2017, 588: 321−328.

［92］Yu J F, Tsai G L, Fan C C, et al. Non-invasive technique for in vivo human ear canal volume measurement［J］. Journal of Mechanics in Medicine and Biology, 2012, 12（4）: 1250064.

［93］Liu B S. Incorporating anthropometry into design of ear-related products［J］. Applied Ergonomics, 2008, 39（1）: 115−121.

［94］Jung H S. Surveying the dimensions and characteristics of Korean ears for the ergonomic design of ear-related products［J］. International Journal of Industrial Ergonomics, 2003, 31（6）: 361-373.

［95］Kang H J, Hu K S, Song W C, et al. Physical anthropologic characteristics of the auricle through the metric and non-metric analysis in Korean young adults［J］. Korean Journal of Physical Anthropology, 2006, 19（4）: 255.

［96］Han K, Kwon H J, Choi T H, et al. Comparison of anthropometry with photogrammetry based on a standardized clinical photographic technique using a cephalostat and chair［J］. Journal of Cranio-Maxillofacial Surgery, 2010, 38（2）: 96-107.

［97］Ahmed A A, Omer N. Estimation of sex from the anthropometric ear measurements of a Sudanese population［J］. Legal Medicine, 2015, 17（5）: 313-319.

［98］Zulkifli N, Yusof F Z, Rashid R A. Anthropometric comparison of cross-sectional external ear between Monozygotic Twin［J］. Annals of Forensic Research and Analysis, 2014, 1（1）: 1010.

［99］Kumar B S, Selvi G P, et al. Morphometry of ear pinna in sex determination［J］. International Journal of Anatomy and Research, 2016, 4（2）: 2480-2484.

［100］Shireen S, Karadkhelkar V P. Anthropometric measurements of human external ear［J］. Journal of Evolution of Medical and Dental Sciences, 2015, 4（59）: 10333-10338.

［101］Purkait R, Singh P. Anthropometry of the normal human auricle: A study of adult Indian men［J］. Aesthetic Plastic Surgery, 2007, 31（4）: 372-379.

［102］Purkait R. Progression of growth in the external ear from birth to maturity: A 2-year follow-up study in India［J］. Aesthetic Plastic Surgery, 2013, 37（3）: 605-616.

［103］Sharma A, Sidhu N K, Sharma M K, et al. Morphometric study of ear lobule in northwest Indian male subjects［J］. Anatomical Science International, 2007, 82（2）: 98-104.

［104］Singhal J, Sharma N, Jain S K, et al. A study of auricle morphology for identification in indians［J］. Annals of International Medical and Dental Research, 2016, 2（4）: 217-224.

［105］Deopa D, Thakkar H K, Prakash C, et al. Anthropometric measurements of external ear of medical students in Uttarakhand Region［J］. Journal of the Anatomical Society of India, 2013, 62（1）: 79-83.

［106］Sforza C, Grandi G, Binelli M, et al. Age-and sex-related changes in the normal human ear［J］. Forensic Science International, 2009, 187（1/2/3）: 110.e1-110.e7.

［107］Gualdi R E. Longitudinal study of anthropometric changes with ageing in an urban Italian population［J］. Journal of Comparative Human Biology, 1998, 49（3）: 241-59.

［108］Alexander K S, Stott D J, Sivakumar B, et al. A morphometric study of the human ear［J］. Journal of Plastic, Reconstructive & Aesthetic Surgery, 2011, 64（1）: 41–47.

［109］Coward T J, Scott B J, Watson R M, et al. A comparison between computerized tomography, magnetic resonance imaging, and laser scanning for capturing 3-dimensional data from an object of standard form［J］. The International Journal of Prosthodontics, 2005, 18（5）: 405–413.

［110］Coward T J, Scott B J J, Watson R M, et al. Laser scanning of the ear identifying the shape and position in subjects with normal facial symmetry［J］. International Journal of Oral and Maxillofacial Surgery, 2000, 29（1）: 18–23.

［111］Bozkir M G, Karakaş P, Yavuz M, et al. Morphometry of the external ear in our adult population［J］. Aesthetic Plastic Surgery, 2006, 30（1）: 81–85.

［112］Barut C, Aktunc E. Anthropometric measurements of the external ear in a group of Turkish primary school students［J］. Aesthetic Plastic Surgery, 2006, 30（2）: 255–259.

［113］Brucker M J, Patel J, Sullivan P K. A morphometric study of the external ear: Age- and sex-related differences［J］. Plastic and Reconstructive Surgery, 2003, 112（2）: 647–654.

［114］Egolf D P, Nelson D K, Howell H C, et al. Quantifying ear-canal geometry with multiple computer-assisted tomographic scans［J］. The Journal of the Acoustical Society of America, 1993, 93（5）: 2809–2819.

［115］Niemitz C, Nibbrig M, Zacher V. Human ears grow throughout the entire lifetime according to complicated and sexually dimorphic patterns: Conclusions from a cross-sectional analysis［J］. AnthropologischerAnzeiger; Bericht Uber Die Biologisch-Anthropologische Literatur, 2007, 65（4）: 391–413.

［116］Asai Y, Yoshimura M, Nago N, et al. Correlation of ear length with age in Japan［J］. BMJ, 1996, 312（7030）: 582.

［117］Rubio O, Galera V, Alonso M C. Anthropological study of ear tubercles in a Spanish sample［J］. HOMO, 2015, 66（4）: 343–356.

［118］Lee W, Jung H, Bok I, et al. Measurement and application of 3D ear images for earphone design［J］. Proceedings of the Human Factors and Ergonomics Society Annual Meeting, 2016, 60（1）: 1053–1057.

［119］Huang D H, Chiou W K. An approach of merging of outer ear and ear canal 3 Dimension data for Bluetooth earphone design［J］. Industrial Design, 2017, 135: 17–20.

［120］Ji X M, Zhu Z H, Gao Z, et al. Anthropometry and classification of auricular concha for the ergonomic design of earphones［J］. Human Factors and Ergonomics in Manufacturing & Service Industries, 2018, 28（2）: 90-99.

［121］Chiu H P, Chiang H Y, Liu C H, et al. Surveying the comfort perception of the ergonomic design of bluetooth earphones［J］. Work, 2014, 49（2）: 235-243.

［122］杨月如, 吴红斌. 耳廓的解剖学研究［J］. 解剖学杂志, 1988, 11（1）: 56-58.

［123］张海军, 穆志纯. 基于复合结构分类器的人耳识别［J］. 北京科技大学学报, 2006, 28（12）: 1186-1190.

［124］王博. 外耳三维形态数据库的建立与应用［D］. 西安: 第四军医大学, 2010.

［125］冉令鹏, 王崴, 丁日显, 等. 舒适性耳机半参数化设计优化研究［J］. 听力学及言语疾病杂志, 2015, 23（6）: 646-650.

［126］Crouch J E, McClintic G R. Human Anatomy and Physiology［M］. New York: Wiley, 1971.

［127］Sanders M S, McCormick E J. Human Factors in Engineering and Design［M］. New York: McGraw - Hill Editions, 1992.

［128］Tolleth H. Artistic anatomy, dimensions, and proportions of the external ear［J］. Clinics in Plastic Surgery, 1978, 5（3）: 337-345.

［129］Liu B S, Tseng H Y, Chia T C. Reliability of external ear measurements obtained by direct, photocopier scanning and photo anthropometry［J］. Industrial Engineering and Management Systems, 2010, 9（1）: 20-27.

［130］Murgod V, Angadi P, Hallikerimath S, et al. Anthropometric study of the external ear and its applicability in sex identification: Assessed in an Indian sample［J］. Australian Journal of Forensic Sciences, 2013, 45（4）: 431-444.

［131］Tatlisumak E, Yavuz M S, Kutlu N, et al. Asymmetry, handedness and auricle morphometry［J］. International Journal of Morphology, 2015, 33（4）: 1542-1548.

［132］Muteweye W, Muguti G I. Prominent ears: Anthropometric study of the external ear of primary school children of Harare, Zimbabwe［J］. Annals of Medicine and Surgery, 2015, 4（3）: 287-292.

［133］邓卫燕, 陆国栋, 王进, 等. 基于图像的三维人体特征参数提取方法［J］. 浙江大学学报（工学版）, 2010, 44（5）: 837-840.

［134］邹昆, 马黎, 李蓉, 等. 基于图像的非接触式人体参数测量方法［J］. 计算机工程与设计, 2017, 38（2）: 511-516.

［135］Coward T J, Watson R M, Scott B J J. Laser scanning for the identification of repeatable landmarks of the ears and face［J］. British Journal of Plastic Surgery, 1997, 50（5）: 308-314.

［136］Aung S C, Ngim R C K, Lee S T. Evaluation of the laser scanner as a surface measuring tool and its accuracy compared with direct facial anthropometric measurements［J］. British Journal of Plastic Surgery, 1995, 48（8）: 551-558.

［137］Yu J F, Lee K C, Wang R H, et al. Anthropometry of external auditory canal by non-contactable measurement［J］. Applied Ergonomics, 2015, 50: 50-55.

［138］韩强. 耳廓三维图像数据库系统的建立［D］. 上海: 上海第二医科大学, 2003.

［139］Coward T J, Watson R M, Richards R, et al. A comparison of three methods to evaluate the position of an artificial ear on the deficient side of the face from a three-dimensional surface scan of patients with hemifacial microsomia［J］. The International Journal of Prosthodontics, 2012, 25（2）: 160-165.

［140］Fourie Z, Damstra J, Gerrits P O, et al. Evaluation of anthropometric accuracy and reliability using different three-dimensional scanning systems［J］. Forensic Science International, 2011, 207（1/2/3）: 127-134.

［141］Zhang M, Ball R, Martin N J, et al. Merging the point clouds of the head and ear by using the iterative closest point method［J］. International Journal of the Digital Human, 2016, 1（3）: 305.

［142］施法中. 计算机辅助几何设计与非均匀有理B样条［M］. 北京: 高等教育出版社, 2001.

［143］张跃. NURBS曲线曲面的退化性质研究［D］. 大连: 大连理工大学, 2017.

［144］Deng C Y, Wang G Z. Incenter subdivision scheme for curve interpolation［J］. Computer Aided Geometric Design, 2010, 27（1）: 48-59.

［145］周瑞红. 基于群智能优化理论的聚类改进方法及应用研究［D］. 长春: 吉林大学, 2017.

［146］金冉. 面向大规模数据的聚类算法研究及应用［D］. 上海: 东华大学, 2015.

［147］陈梅. 面向复杂数据的聚类算法研究［D］. 兰州: 兰州大学, 2016.

［148］Cover T, Hart P. Nearest neighbor pattern classification［J］. IEEE Transactions on Information Theory, 1967, 13（1）: 21-27.

［149］Hart P. The condensed nearest neighbor rule（Corresp.）［J］. IEEE Transactions on Information Theory, 1968, 14（3）: 515-516.

［150］仲媛，杨健，涂庆华，等. KNN- 均值算法［J］. 研究与开发，2014，6（17）：43-47.

［151］苟建平. 模式分类的 K- 近邻方法［D］. 成都：电子科技大学，2013.

［152］Specht D F. Probabilistic neural networks［J］. Neural Networks, 1990, 3（1）：109-118.

［153］金娟凤. 基于特征距离的腰腹臀部体型分析与个性化女裤样板生成［D］. 杭州：浙江理工大学，2017.

［154］Darouei A, Ayatollahi A C. Classification of cardiac arrhythmias using PNN neural network based on ECG feature extraction［J］. World Congress on Medical Physics and Biomedical Engineering, 2009, 25（12）：309-311.

［155］Mantzaris D, Anastassopoulos G, Iliadis L, et al. A probabilistic neural network for assessment of the vesicoureteral reflux´s diagnostic factors validity［J］. Lecture Notes in Computer Science, 2010, 6352：241-250.

［156］Shahrabi J, Hadavandi E, Salehi Esfandarani M. Developing a hybrid intelligent model for constructing a size recommendation expert system in textile industries［J］. International Journal of Clothing Science and Technology, 2013, 25（5）：338-349.

［157］倪世明. 基于纵截面曲线形态的青年女性体型识别研究［D］. 杭州：浙江理工大学，2014.

［158］金娟凤，杨允出，夏馨，等. 基于三维测量的青年女性臀部体型概率神经网络识别模型构建［J］. 纺织学报，2014，35（4）：100-104.

［159］吴壮志，廖爽爽，聂磊，等. 基于图像的人体参数测量系统的设计与实现［J］. 湖南大学学报（自然科学版），2010，37（9）：88-92.

［160］Zhong Y Q, Xu B G. Automatic segmenting and measurement on scanned human body［J］. International Journal of Clothing Science and Technology, 2006, 18（1）：19-30.

［161］方方，王子英. K-means 聚类分析在人体体型分类中的应用［J］. 东华大学学报（自然科学版），2014，40（5）：593-598.

［162］Ahmad I, Lee W C, Binnington J D. External auditory canal measurements：Localization of the isthmus［J］. Oto-Rhino-Laryngologia Nova, 2000, 10（5）：183-186.

［163］Alvord L S, Farmer B L. Anatomy and orientation of the human external ear［J］. Journal of the American Academy of Audiology, 1997, 8（6）：383-390.

［164］齐静，张欣. 三维人体数据统计分析预处理研究［J］. 纺织学报，2006，27（1）：42-45.

［165］齐静，李毅，张欣．我国西部地区青年男性体型描述与体型分类研究［J］．纺织学报，2010，31（5）：107-111.

［166］Farkas L G, Posnick J C, Hreczko T M. Anthropometric growth study of the ear［J］. The Cleft Palate-Craniofacial Journal, 1992, 29（4）：324-329.

［167］Besl P J, McKay N D. A method for registration of 3-D shapes［J］. IEEE Transactions on Pattern Analysis and Machine Intelligence, 1992, 14（2）：239-256.

［168］王瑞岩．计算机视觉中相机标定及点云配准技术研究［D］．西安：西安电子科技大学，2015.

［169］裴卉宁．基于工效学负荷理论的民机客舱乘坐舒适度评价方法［D］．西安：西北工业大学，2018.

［170］Yin H S, Shen X, Huang Y, et al. Modeling dynamic responses of aircraft environmental control systems by coupling with cabin thermal environment simulations［J］. Building Simulation, 2016, 9（4）：459-468.

［171］Cui W L, Ouyang Q, Zhu Y X. Field study of thermal environment spatial distribution and passenger local thermal comfort in aircraft cabin［J］. Building and Environment, 2014, 80：213-220.

［172］贾丰源，陈君毅，吴海波，等．基于静态体压分布的座垫舒适度影响因素分析［J］．同济大学学报（自然科学版），2015，43（4）：611-616.

［173］段杏元．主塑形功能文胸设计与舒适性评价［D］．上海：东华大学，2012.

［174］陈东生，刘运娟．脑电在服装舒适性评价中的应用［J］．服装学报，2016，1（1）：21-25.

［175］林田，王伟．足三维有限元建模及鞋垫腰窝高度对足舒适性的影响研究［J］．机械制造与自动化，2015，44（5）：89-92.

［176］高振海，高菲，沈传亮，等．汽车椅面倾角对驾驶员乘坐舒适性的影响分析［J］．湖南大学学报（自然科学版），2017，44（8）：43-49.

［177］覃蕊，范雪荣，陈东生，等．男短袜袜口压力的有限元研究［J］．纺织学报，2011，32（1）：105-110.

［178］曾衍钧，许传青，杨坚持，等．软组织生物力学特性［J］．中国科学，2003，33（1）：297-304.

［179］卢天健，徐峰．皮肤的力学性能概述［J］．力学进展，2008，38（4）：393-426.

［180］尹璐璐，廖琪梅，卢虹冰．面部软组织三维有限元模型的建立［J］．科学技术与工程，2010，10（12）：2844-2847.